河南省鹤壁市测土配方
施肥财政补贴项目

U0320839

鹤壁市

耕地地力评价

◎ 刘元东　刘瑞霞　职馥玲　主编

中国农业科学技术出版社

图书在版编目（CIP）数据

鹤壁市耕地地力评价／刘元东，刘瑞霞，职馥玲主编．—北京：中国农业科学技术
出版社，2017.1

ISBN 978 - 7 -5116 - 2659 - 2

Ⅰ．①鹤…　Ⅱ．①刘…②刘…③职…　Ⅲ．①耕作土壤 - 土壤肥力 - 土壤调查 -
鹤壁市②耕作土壤 - 土壤评价 - 鹤壁市　Ⅳ．①S159.261.3②S158

中国版本图书馆 CIP 数据核字（2017）第 154405 号

责任编辑　范　潇
责任校对　贾海霞

出　版　者　中国农业科学技术出版社
　　　　　　　北京市中关村南大街 12 号　邮编：100081
电　　　话　(010) 82106625（编辑室）　　(010) 82109702（发行部）
　　　　　　　(010) 82109709（读者服务部）
传　　　真　(010) 82106625
网　　　址　http://www.castp.cn
经　销　者　各地新华书店
印　刷　者　北京富泰印刷有限责任公司
开　　　本　787mm×1 092mm　1/16
印　　　张　12　　彩插 16 面
字　　　数　333 千字
版　　　次　2017 年 1 月第 1 版　2017 年 1 月第 1 次印刷
定　　　价　68.00 元

《鹤壁市耕地地力评价》

编 委 会

前　言

鹤壁市是农业部2006年确定的测土配方施肥项目试点之一，通过项目的实施产生了大量的田间调查、农户调查、土壤和植物样品分析测试、田间试验等数据，对这些数据的质量进行控制、建立标准化的数据库和信息管理系统，是保证测土配方施肥项目成功的关键所在，也是保存测土配方施肥数据资料，使其持久发挥作用的关键所在。在测土配方施肥工作中，进行耕地地力评价对于指导农业生产有着非常重要的作用，耕地地力的高低直接影响作物的生长发育、产量和品质，是确保农业可持续发展的重要物质基础。近年来，耕地与人口、耕地与环境、耕地地力建设、耕地合理利用与管理越来越受到关注。因此，定期开展耕地地力调查，掌握耕地地力状况及其变化规律，为因地制宜地搞好农业结构调整、耕地质量保护、耕地改良与应用、指导农民科学施肥以及粮食生产安全、退耕还林、旱作节水农业、生态环境建设等提供科学依据，对提高肥料利用率、减少肥料资源浪费、防止土壤污染、促进农业可持续发展等均具有十分重要的意义。

新中国成立以来，1958年鹤壁市进行了第一次土壤普查，1984年进行了第二次土壤普查。鹤壁市第二次土壤普查从1984年2月开始，到1984年12月结束，经过外业调查、室内化验分析以及资料整理汇总的全部工作，取得了丰硕成果。在农业区划、农业综合开发、中低产田改造和科学施肥等方面得到了广泛应用，为基本农田保护、农业综合开发、农业结构调整、农业科研和新型肥料的开发，提供了科学依据。进入新的世纪，农业生产进入了新的发展阶段，既面临人口资源、生态环境的巨大压力，又面临加入世贸组织的机遇和挑战。特别是改革开放30年的发展，由于家庭联产承包责任制的实施，使耕作制度、种植结构、产量水平、有机肥和化肥使用量及农药使用等均发生了巨大变化，鹤壁市的耕地质量和土壤肥力状况也发生了重大变化。

鹤壁市耕地地力评价工作从2006年6月实施测土配方施肥项目开始，到2011年10月结束，历时5年，在省、市农业部门和土肥站的正确指导下，在各级党委、政府的高度重视和大力支持下，在市有关部门的大力协作和土肥科技人员的共同努力下，圆满地完成了各项任务。布设样点并采集土样16 947个，完成16 947个样品的有机质、全氮、速效磷、速效钾、缓效钾、pH 6个项目101 682项次的化验分析，微量元素有效锌、有效铁、有效铜、有效锰、硼、钼、硫7个项目27 809项次的化验分析工作；分析植株样品700个，完成植株样品全氮、有效磷、速效钾3个项目2 100项次。在此基础上，结合第二次土壤普查结果和全市水利灌溉情况，对全市耕地分4类10项指标进行评价：第一类为土壤条件，包括土壤剖面、质地、地表砾石度和盐渍化程度；第二类为管理水平，包括灌溉保证率和排涝能力；第三类为耕层养分，包括有机质、有效磷、速效钾；第四类为立地条件，包括坡度和地貌类型。

通过耕地地力评价，探明了鹤壁市耕地地力情况，为耕地资源的利用和开发提供了翔实的基础数据，为合理配置耕地资源和调整种植业结构奠定了基础。总体而言，耕地地力评价取得了下列主要成果。

（1）建立鹤壁市耕地资源管理信息系统。

（2）撰写鹤壁市耕地地力评价技术报告、鹤壁市耕地地力评价专题报告和鹤壁市耕地地力评价工作报告。

（3）对第二次土壤普查资料及相关历史资料进行系统整理。

（4）制定鹤壁市耕地地力潜力评价单元图、鹤壁市土壤养分图、耕地地力等级图和中、低产田类型分布图等图件21套。

（5）奠定了GIS技术咨询、指导和服务的基础。

（6）为农业领域内利用GIS、GPS、计算机技术开展资源评价建立农业生产决策支持系统奠定基础。

目 录

第一章　农业生产与自然资源概况

第一节　地理位置与行政区划

一、地理位置

鹤壁市位于河南省北部，地处安阳、新乡两市之间，地理坐标北纬 35°29′~36°00′，东经 113°59′~114°45′。东与内黄县、北与汤阴、安阳县接壤，西与林州、南与新乡毗邻（图 1-1）。

境内交通便利，京广铁路、京珠高速铁路、京珠高速公路、南水北调纵贯市境南北，公路纵横交错，运输便利，为鹤壁市内外经济交流和农业发展提供了有利条件。

图 1-1　鹤壁市在河南省的位置

二、行政区划

鹤壁市位于河南省北部辖两县三区（浚县、淇县、淇滨区、山城区、鹤山区）、25 个乡镇、877 个行政村（图 1-2）。全市总人口 158.51 万人，其中农业人口 103.85 万人，占全市人口的 65.5%，土地面积 2 182 平方公里，其中平原占 50%，丘陵占 30%，山区占 20%，全市耕地总面积 114 751.29hm²，农业人均耕地面积 1.66 亩（1 亩≈667m²，全书同。）。

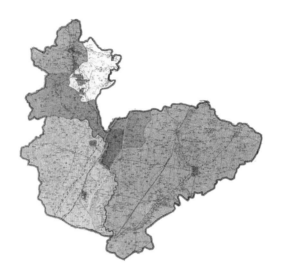

图1-2 鹤壁市行政区划图

第二节 农业生产与农村经济

一、农村经济情况

鹤壁市盛产小麦、玉米、花生等,是全国优质小麦和商品粮生产基地。农业人均产粮、人均占有粮、人均贡献粮等指标居全省首位,也是河南省畜牧业生产、加工和出口创汇基地,人均畜牧业产值、人均肉、蛋产量3项指标综合评定已连续12年名列全省第一,被评为全国十大农业结构调整先进市之一。全市人民在市委、市政府的领导下,坚持以经济建设为中心,不断深化改革,努力扩大对外开放,促进了国民经济和社会事业的迅速发展,大力推进农业和农村经济结构的战略性调整,农村面貌发生了显著变化。

根据《2011年年鉴》统计,粮食播种面积165 140hm²,粮食总产111.63万t,比上年增7 322万t。全市全年完成农林牧渔总产值858 999万元,比上年增长10.8%;其中,农业产值346 666万元,占总产值的52.2%;林业产值7 186万元,占总产值的1.4%;牧业产值468 164万元,占总产值的41.7%;渔业产值5 828万元,占总产值的0.3%;农林牧渔服务业产值31 155万元,占总产值的4.5%。

农民家庭总收入人均达到6 056.69元。其中,工资性收入862.53元,家庭经营收入5 019.59元,财产性收入67.37元,转移性收入107.20元。

全年农民家庭纯收入人均达到4 879.22元。其中,工资性收入862.53元,家庭经营纯收入3 864.82元,财产性纯收入67.37元,转移性纯收入84.51元。全年家庭现金总支出人均3 635.25元。家庭经营费用支出1 015.84元,购置生产性固定资产支出106.06元,生活消费支出2 444.84元,财产性支出23.62元,转移性支出29.07元。

二、农业生产现状

（一）粮食生产情况

1. 冬小麦：全市冬小麦种植面积 87 000hm²，总产量达 596 744t。其中，普通小麦种植面积 83 442hm²，总产量 572 338t，占全市小麦种植面积的 95.91%。鹤壁市所产小麦除农民部分留作自用外，80% 以上都以原粮出售，大部分销往北京、山西、陕西、广东、广西壮族自治区（以下简称广西）、河北等地的面粉加工企业，一部分用于期贸交割。

（1）普通白麦品种主要有矮抗 58、周麦 16、周麦 18、豫麦 18 等品种，其中矮抗 58 种植面积 63 510hm²，占总播种面积的 73%。上述品种均为中筋小麦，其面粉适宜加工成馒头、面条、挂面等。

（2）优质强筋小麦品种主要有豫麦 34、济麦 20、新麦 18、郑麦 9023、郑麦 366 等品种，所产优质强筋小麦面团稳定时间大都在 7~8min，个别品种达到 9min 以上，降落数值（α 淀粉酶活性）大于 300s，湿面筋大于 30%，蛋白质含量均在 14% 以上，适宜加工成面包专用粉、饺子专用粉、挂面专用粉等。

2. 玉米种植面积 72 940hm²，总产量 503 008t。主要品种有浚单 20、浚单 18、郑单 958、浚单 22、新单 23 等。其中，浚单 20、浚单 18 和郑单 958 种植面积 64 917hm² 左右，产量 447 677t，属高淀粉品种。

3. 粮食生产的区域性差异：鹤壁市粮食年平均总产 1 106 935t，粮食产量因土壤属性、耕作管理水平不同，存在着明显的区域性差异，其中钜桥镇、大赉店镇、小河、卫贤、黎阳、新镇、高村、西岗、朝歌等乡镇产量较高，鹿楼乡、姬家山乡、屯子镇、白寺乡、善堂乡、桥盟乡、黄洞等乡镇产量较低（表 1-1）。

表 1-1　各月日照和太阳辐射

目项 \ 月份	1	2	3	4	5	6	7	8	9	10	11	12	全年
日照时数	166.3	154.3	191.4	204.0	257.6	252.4	216.4	215.2	198.1	204.7	170.8	161.6	2 393.7
日照百分率（%）	53	51	52	52	59	58	49	52	54	59	56	53	648
总辐射量（kcal/cm²）	5.9	5.0	9.3	10.5	13.0	13.0	12.1	11.8	9.6	9.1	5.9	5.6	110.8
光合有效辐射（kcal/cm²）	2.9	2.5	4.6	5.1	6.4	6.4	5.9	5.8	4.7	4.5	2.9	2.7	54.4

（二）油料生产情况

2011 年，全市油料播种面积 13 100hm²，总产量 57 832 万 t，是河南省出口花生基地。

1. 花生种植面积 11 780hm²，总产量 56 471 万 t，主要品种有：天伏 3 号、海花 1 号、豫花 7 号，花生品质好，出仁率达 65%~70%，出油率 35%~40%。鹤壁市所产花生除部分自用外（20%），大部分（80% 左右）都是出售花生果为主。

2. 油菜种植面积 1 140hm²，总产量 1 285t，主要品种有中双 9 号和青油 14 号，皆为高蛋白、高脂肪品种。

（三）棉花生产情况

2011 年棉花种植面积 940hm²，总产量 600t，主要品种有中 47、冀 668（春棉）、中 45（夏棉）等品种，衣分率 39% ~40%。鹤壁市所产棉花皆为中绒。

（四）蔬菜生产情况

2011 年，全市蔬菜种植面积 10 550hm²，总产量 526 530t。其中，叶菜类总播种面积 1 200hm²，总产量 57 883t；瓜菜类播种面积 1 140hm²，总产量 62 361t；块根、茎菜类播种面积 1 340hm²，总产量 80 476t；葱蒜菜类播种面积 500hm²，总产量 17 699t；茄果菜类播种面积 1 600hm²，总产量 95 919t；菜用豆类播种面积 700hm²，总产量 18 973t。

（五）林业生产情况

截至 2011 年年底，全市林业用地面积 13 390hm²。其中，当年造林面积 643hm²，四旁植树 112 万株，折合面积 1 344hm²；育苗面积 117.4hm²；幼林抚育面积 4 392hm²；成林抚育面积 2 210hm²；木材年采伐量 0.27 万方。果林总面积 1 435.6hm²，果品年产量 4.25 万 t。

（六）主要种植制度

鹤壁市典型种植制度为一年两熟制，一般以小麦—玉米或小麦—花生为主，兼有小麦—棉花、小麦—大豆、小麦—西瓜等种植模式，一般实行轮作或间作。

第三节　光热资源

鹤壁市地处中纬度地区，属于暖温带、半湿润型季风气候，四季分明，其各季气候特点是：春旱，风大，回暖快；夏雨集中，天气热；秋季秋高气爽；冬季严寒，雨雪稀。据 1963—1980 年气候资料统计，其主要气候要素如下。

一、光照与热量

（一）日照

鹤壁市年平均日照 2 393.7h，日照百分率为 54%，4—8 月日照充足，每月均在 200h 以上，适宜作物生长，5—6 月两个月日照最长，均在 250h 以上。

全年太阳辐射总量，平均每年 110.8kcal/cm²。5 月、6 月两个月为全年最高，均为 13.0 kcal/cm²，占全年总量的 11.7%；2 月为最低，仅 5.0kcal/cm²，占全年总量的 4.5%。光合有效辐射，年总量为 54.4kcal/cm²。5 月、6 月两个月最高，均为 6.4kcal/cm²；2 月最低，只 2.5kcal/cm²。历年值变化不大，但季节分配不均，春、夏两季高，秋季次之，冬季较低。大于或等于 10℃ 期的光合有效辐射量为 39.7kcal/cm²，占全年有效辐射量的 73%，给农作物生长发育提供了非常有利的条件。

（二）热量

鹤壁市年平均气温 13.8℃。一月份气温最低，为零下 1.5℃，冬季严寒；4 月份为 14.6℃，春季气温回升快，有利于越冬作物的生长；7 月份气温最高，为 27.1℃，天气炎热，有利于秋作物生长发育。极端最高气温为 40.7℃，极端最低气温为零下 17.5℃（表

1-2)。

表 1-2　各月平均气温

月份\目项	1	2	3	4	5	6	7	8	9	10	11	12	全年平均
气温（℃）	-1.5	0.8	7.6	14.6	21.2	26.4	27.1	25.8	20.7	15.0	7.2	0.4	13.8
极端温度	最高40.7℃（1997年6月23日），最低-17.5℃（1990年1月31日）												

气温日较差对农作物的产量、质量有着重要的影响。鹤壁市春末夏初日较差最大，这时非常有利于小麦的灌浆成熟；秋季气温日较差大，对晚秋作物的成熟和棉花纤维素的淀积非常有利（表 1-3）。

表 1-3　各月气温日较差

月份	1	2	3	4	5	6	7	8	9	10	11	12	全年
气温日较差（℃）	10.5	10.6	11.7	12.0	13.1	12.9	9.4	10.9	10.9	11.9	11.0	10.0	11.1

日均温≥0℃的作物生长期，持续日数为 296 天，积温为 5 135.2℃，80% 保证率为 5 010.3℃；日均温≥10℃是作物的积极生长期，持续日数为 215 天，积温为 4 605.5℃，80% 保证率为 4 483.8℃；≥15℃是喜温作物的旺盛生长期，持续 172 天，积温为 4 036.3℃，完全可以满足农作物一年两熟的需要（表 1-4）。

表 1-4　各界限温度和相应积温

界限温度	初　日	终　日	持续天数	期间积温（℃）
≥0℃	21/2	3/12	296	5 135.2
≥3℃	8/3	28/11	268	5 055.2
≥5℃	11/3	20/11	256	4 991.1
≥10℃	2/4	2/11	215	4 605.5
≥15℃	23/4	10/10	172	4 036.3
≥20℃	13/5	15/9	126	3 195.8

二、气温

（一）年季气温

1986—2000 年，年平均气温 14.2℃，比前 20 年（1965—1985 年）升高 0.5℃。年平均气温最高年份出现在 1998 年、1999 年，平均 15℃，较平均值高 0.8℃。年平均气温最低年份出现在 1993 年，为 13.6℃，较平均气温低 0.6℃。其中，1986—1993 年为偏低年份时段，1994—2000 年为偏高年份时段，年平均温度呈上升趋势。极端最高气温 40.7℃，出现在 1997 年 6 月 23 日；极端最低气温 -17.5℃，出现在 1990 年 1 月 31 日。15 年间，共出现 38℃以上高温天气 18 天，平均每年 1.2 天。高温出现最高日期在 6 月 2 日，最晚在 8 月 12

日。出现 -10℃ 以下低温 19 天，平均每年 1.3 天，出现在 1 月份的占 60%。低温出现最早日期在 11 月 28 日，最晚出现在 2 月 6 日。

（二）土温

鹤壁市平均土温 16.3℃，较气温高 2.0℃。地表下 5～10cm 深处年平均土温均为 16.3℃，20cm 深处为 15.0℃，略高于气温，各月平均地温也略高于同期其平均气温。土壤冻期不长，一般结冻初期出现在 1 月份，终期结束于 2 月份。

（三）无霜期

无霜期平均 214 天，最长达 243 天，最短 181 天。初霜期平均为 10 月 31 日，最早出现在 9 月 24 日，最晚出现在 11 月 3 日。终霜期平均为 4 月 6 日，最早出现在 3 月 3 日，最晚在 4 月 10 日。平均气温稳定通过 0℃ 日期为 2 月 21 日，终止于 12 月 3 日，间隔日期为 296 天。

三、风

鹤壁市主导风向为北风和南风，冬季行偏北风，夏季行偏南风。年平均风速 2.6m/s。各月平均风速以 2—5 月较大，≥3.0m/s，4 月份最大为 3.3m/s，8、9 月最小为 1.6m/s。鹤壁市八级左右大风年平均 12 天，以春季最多，占总日数的 13.3%。极端最大风速 27m/s，瞬时最大风速 31m/s（1977 年 7 月 13 日）。春末夏初常出现干热风，平均十年九遇，发生明显危害的五年三遇。干热风出现最早 5 月上旬，最晚 6 月中旬，以 6 月上旬出现的概率最高。干热风对小麦灌浆常造成不利影响，是提高小麦千粒重的重要限制因素。

大风，尤其是发生在旱季的大风，对土体中水分的运行，地面物质的迁移以及盐渍土的形成都有密切的影响。

气候是重要的成土因素之一，它是土壤中能量的主要来源，支配着土壤中水分和热量的变化，进而也就综合影响着作物的生长发育及土体中物质转化与运行、淋溶和淀积。决定着特定的成土过程。夏季高温多雨引起径流和剥蚀土壤，同时土壤中矿物质的分解与合成进行较强烈，土壤中的黏粒随水下移，在一定深度积聚。在微生物的作用下，易溶养分和碳酸钙发生淋溶，并在一定部位发生淀积，形成新生体；春季土壤水分蒸发量大，有利于土壤中矿物质的氧化和聚积；冬季由于气候干燥寒冷，土壤中水、热变化及物质转化移动处于稳定阶段。历史上这样的气候特点，使垄岗地区及其西部的平原区土体中形成褐色的黏化层和钙淀积层。这是地带性土壤——褐土的重要成土条件。

第四节　水资源与灌排

一、地表水资源

地表水资源源于大气降水。降水量多少及地形、地貌和下垫面条件决定地表水资源丰枯。

（一）资源总量

鹤壁市地处华北水资源短缺地区，多年平均地表水资源总量 3.695 7 亿 m³，地下水资源量 2.920 5 亿 m³，地表水与地下水重复计算量 0.806 7 亿 m³。人均占有量 233.1m³，占全省人均 366m³ 的 63.7%；耕地亩均 930.9m³，占全省亩均 308m³ 的 3.02%。

（二）资源分布

按地域分，地表径流量分布与降水量分布趋势一致，由南向北、由西向东递减，山岗明显大于平原。按时间分，由于地表径流形成受降水特征（雨量大小、强度）直接影响，年内分配比例降水更为集中，且时间滞后。地表径流主要集中于夏季，甚至是几场大暴雨中。降水量和强度达不到一定强度，降水往往下渗或蒸发，不能产生径流。受降水量年际变化影响，地表水径流年际变幅较大，丰水年形成洪涝，枯水年出现干旱。

（三）降水

1. 年际变化：鹤壁市历年平均降水量为 663.5mm。降水的年际间差异较大，最大年降水量为 924.4mm（2000 年），最少年降水量只 252.1mm（1997 年）；降水在年内分配也不均匀，4—9 月平均降水量达 568.7mm，占年平均降水总量的 85.7%，这时期的大量降水和充足的光照条件，有利于各种作物的生长。全年降水量一般集中在七八两月，降水量为 346.1mm，占年降水总量的 52.2%；但在此期间也会出现连续数十天无雨的伏旱，即"卡脖旱"。因此，各种作物的需水时间和需水量往往与实际降水时间和降水量有差异，这就不能保证各种作物生长期对水分的需求，也是造成旱涝灾害的重要原因（表 1-5）。

表 1-5 各月平均降水量

目项\月份	1	2	3	4	5	6	7	8	9	10	11	12	全年平均
降水量（mm）	4.4	9.5	16.2	40.1	36.3	71.3	180.7	165.4	74.9	38.1	18.9	7.7	663.5
极端值	最多年降水量 924.4mm（2000 年），最少年降水量 252.1mm（1997 年）												

2. 年内变化最少年份出现在 2000 年，为 25.7mm；夏季季平均降水量 349.5mm，占全年平均降水量的 59.3%。季降水量最多年份在 2000 年，为 639.2mm，最少年份出现在 1997 年，为 42.2mm。

秋季季平均降水量 98.4mm，占全年平均降水量的 16.7%。季降水量最多年份出现在 2000 年，为 236.2mm；最少年份出现在 1997 年，为 3.1mm。

冬季季平均降水量 25.1mm，占年平均降水量的 4.3%。季降水量最多年份出现在 1989 年，为 78.9mm；最少年份出现在 1993 年，为 2.9mm。

春季季平均降水量 116mm，占年平均降水量的 19.7%。季降水量最多年份出现在 1963 年，为 121mm；最少年份出现在 1997 年，为 32mm。

3. 降水日数：1986—2000 年，年平均降水日数 110 天，7 月份最多，平均 14 天；8 月份次之，平均 12 天，1 月份最少，平均 1 天。

（四）蒸发

鹤壁市年平均蒸发量 1 931.4mm，以 4—7 月较大，月蒸发量均在 200mm 以上，6 月最高可达 331.5mm。蒸发量平均超过降雨量的 3 倍以上，尤以 3—6 月最为明显。蒸发量远大于降水量是本市气候条件的又一特点，它对于鹤壁市土壤的形成发育以及农作物的生长均具有很大的影响。

二、地下水资源

地下水调节能力较强，年内、年际变化不大，相对比较稳定，是生产和生活的重要水源。

（一）资源总量分布

浅层地下水资源总补给量主要包括：降水入渗补给、灌溉回归补给、渠系渗漏补给、河道侧补给等。鹤壁市多年（1954—2000 年）平均地下水资源总量 12 278.8 万 m³，其中淇河东、火垄岗西倾斜平原 2 993.5 万 m³，火垄岗丘陵区 13 557 万 m³，卫河、共渠沿岸坡洼区 5 600.6 万 m³，卫河东黄河故道高滩区 2 053 万 m³，卫河南黄河故道高滩区 276 万 m³。

（二）地下水资源分区

根据地形、地貌和水文地质条件，鹤壁市地下水资源大体可分为四个类型区，现简述如下。

1. 富水区：即泊洼区，位于鹤壁市东部和东南部，属太行山前洪积和冲洪积平原。土壤类型大部分为淤土，土质黏重。含水层埋置在 5～10m，总厚度 7～12m。地下水补给来源，主要有大气降雨、淇河侧渗和灌溉回归水，地下水埋深一般在 1～3m，单井出水量大于 60t/h，局部 100t/h 以上。

2. 平水区：即平原区，主要分布市境东部，由洪积和冲积形成，包括洪积扇下缘形成的洪积平原和淇河、卫河泛滥形成的冲积平原。本区绝大部分为立黄土，淇河西岸和卫河北岸为潮土，高村中部较高地位分布着少量褐土性红土。本区地势平坦，土层深厚，土壤肥沃，排灌条件好，生产水平高，是鹤壁市最富饶的地方。地下水埋深 3～15m，局部大于 20m。含水层埋置在 5～15m，厚度 15～25m，以中细砂为主，局部砾礓、粗砂、极细砂。因地势较低，距河又近，河道侧渗和灌溉回归水补给较好，单井出水量一般 50t/h 左右。

3. 地下水一般：本区位于山区以东，京广铁路以西，地貌类型属山前丘陵和倾斜平原，包括庙口镇东部，高村镇西部，桥盟乡的中部，主要为砂质含水量层布区。土质主要为立黄土、褐土性土和碳酸盐褐土。地下水埋深 10～25m，局部大于 30m。含水层埋置在 15～20m，厚度 15～35m，以细砂为主，局部粉砂，少量中砂。本区有民主渠、夺丰水库可灌溉，大部地区距河较远，地下水补给来源靠降雨入渗，部分地区为井灌区。抽降 4m 时，单井出水量 40t/h。

4. 地下水贫水区：本区在山前丘陵的南部，包括桥盟乡和北阳乡的中部。本区地貌条件恶劣，土壤瘠薄，多砾石。土壤多为酸性岩石风化物组成，颗粒较粗，局部有砂岩出露地面。一般 20cm 以下既是砾礓和隔层，致使透水性差，地表水入渗困难，如遇暴雨，大部地区水土流失，局部地区形成渍灾。地下水一般埋深 30～65m，含水层埋置在 40～60m，厚度 10～30m，主要为粉砂及砂岩，可见几个含水层，但含水量甚少。一般打井深 50～80m，最深达 110 余米。该区是鹤壁市地下水贫水区，开采比较困难。目前，单井出水量在 25t/h 左右。

5. 地下水特贫区：该区包括黄洞乡和庙口镇、桥盟乡、北阳镇 3 个乡镇的西部浅山区，由山及山间阶地、沟壑构成，土壤的成土母质主要是残积、坡积物，山间价地多为洪积物。本区干旱缺水，土层瘠薄，水土流失严重。地下水一般埋深 45～80m，含水层埋置在 50～

80m，厚度 10~30m，含水量甚少，一般打井深 60~100m，最深达 120 余米。

（三）可开采量

鹤壁市地下水可开采系数为 0.74，全市多年平均浅层地下水可开采量为 3.330 5 亿 m³，占总补给量的 74%。

鹤壁市水资源总量为 4.519 0 亿 m³（已除去重复量 0.327 亿 m³），人均 657.6m³，耕地亩均 327.6m³，似可满足生产和生活用水的需要。但是，由于受种种因素的限制，如降水和过境水受年变化率和季节变率的制约；开采利用率又受地域条件和生产条件的限制。目前，地表水可利用量为 1.188 5 亿 m³，地下水可利用量为 3.330 5 亿 m³，共计 4.519 亿 m³，占水资源总量的 61.5%，人均 404.3m³，耕地亩均 201.4m³。通过对年供需平衡现状的分析，1982 年实际总需水量为 2.677 亿 m³，尚缺 0.546 5 亿 m³。近年来，由于干旱少雨，农业需水量日益增大，地表水可利用量相对减少，故超量开采地下水的情况日趋严重，致使全市地下水位不断下降，漏斗范围日趋扩大，纯井灌区供需矛盾越来越尖锐。因此，今后必须进一步搞好水利建设，合理开发和科学利用鹤壁市的水资源。

鹤壁市的水质，除个别地区外，普遍较好。经化验，鹤壁市地表水和地下水的矿化度大部分在 1g/L 以下，属重碳酸型钙质水，pH 值为 6.5~8.5。各种毒物含量和污染程度均在国家规定的标准之下，适合生活饮用和农田灌溉。随着工农业的发展，人民生活水平的提高，对水资源的量与质的需求必将与日俱增，尽管实行开源节流和提高灌水利用系数，但缺水已成定局，为适应国民经济发展的需要，必须在现有基础上，分别对不同地区采用综合措施，解决水的问题。

综上所述，水资源丰富的地区，应合理利用水资源，减少农业投资，维持资源的相对平衡；水资源贫乏的地区，应实行生物措施和工程措施相结合，广蓄天上水，巧引外来水，合理挖掘地下水，走有机旱作农业的道路，尽可能利用有限水资源为农业生产服务。

第五节　农业机械

全市现有农业机械总动力 148.6 万 kW，其中柴油发动机动力 132.78 万 kW，汽油发动机动力 0.16 万 kW，电机动力 15.33 万 kW。

拖拉机及配套机械：拖拉机 83 098 台，122.88 万 kW，其中大中型拖拉机 6 772 台，22.51 万 kW，小型拖拉机 76 326 台，100.37 万 kW，拖拉机配套机械大中型 16 622 台，小型 180 982 台。

种植业机械：联合收割机 8 730 台，机动脱粒机 5 984 台，机动喷雾剂 1 642 部。

农用排灌动力机械：排灌动力机械 35 799 万台、24.54 万 kW，其中柴油机 5 059 万台、5.42 万 kW；电动机 30 740 万台、19.12 万 kW。

第六节　农业生产施肥

一、农业生产施肥的历史变化

"庄稼一枝花，全靠粪当家""有粪斯有粮"，长期以来，农业生产施肥与农业生产息息相关，关系密切。鹤壁市耕作历史悠久，新中国成立前，农业生产施肥仅限于施用有机肥，有机肥肥源有饲养牲畜（牛、猪、羊、鸡等）粪便、饼肥、草木灰、人粪尿等。20世纪80年代，由于农村大量劳动力向乡镇企业转移，积、运有机肥缺少劳力，有机肥使用量下降，有机肥向农作物提供的养分在农业施肥总养分中所占的比重不断下降。20世纪80年代后期，市农业技术推广部门开始推广秸秆还田，秸秆还田面积逐年增加，对疏松土壤培肥地力和改善农业生态系统起到了有益的作用。1953—1959年，全市化肥的施用量逐年增加，1960—1962年，受当时社会环境因素的影响，农业生产施肥表现为下降状态，1962年全市年化肥施用量仅有230t，1963年起全市化肥的年施用量开始进入上升时期，1996年普通复合肥（15 - 15 - 15）进入鹤壁市市场。

二、历史施用化肥数量与粮食产量的变化趋势

鹤壁市以农业生产为主，农业生产水平的高低，是直接关系到国计民生的大问题，因此，鹤壁市历来重视农业生产的发展，尤其重视施肥问题。实践证明，施肥水平的高低直接影响到农业生产的产量。

新中国成立初期的50—60年代，鹤壁市政府曾多次下达文件，号召农民开辟肥源，广积肥料。大力提倡种植绿肥，推广应用化肥。鹤壁市使用化肥始于60年代初期，当时由供销社供应硫酸铵、硝酸铵、氨水和氯化铵。但由于农民不认识化肥的增产作用，所以施用量很少，农民仅仅使用很少的农家肥，每亩地750~1 000kg，生产力水平很低，据鹤壁市统计局资料记载：50年代粮食一季平均单产只有69.8kg/亩；60年代粮食一季平均单产79.8kg/亩。

到了70年代，农民对化肥的增产作用有了一定的认识，1971年后，市磷肥厂、化肥厂相继建成，为全市农田施肥提供了保障。作物产量大大提高，70年代粮食一季平均单产达到了139.9kg/亩。

进入80年代后，由于十一届三中全会的召开，国家对农村政策实施改革，农村实行了家庭联产承包责任制，极大地调动了农民的生产积极性，土地生产力水平大大提高，农民认识到了氮肥、磷肥在生产中的增产作用，因而，氮肥、磷肥施用量逐年增加，1981年亩施碳酸氢铵由20kg增加到35kg以上，磷肥由15kg增加到25kg以上，尿素由5kg增加到10kg以上。所以，80年代鹤壁市粮食一季平均达到了393.5kg/亩。

由于鹤壁市和我国的国情一样，人多地少，导致人们对土地的产出期望值越来越高，所以，大大提高了土地的复种指数，这样土壤养分入不敷出，特别是到1984年第二次土壤普查时，有机质和有效磷已成了鹤壁市粮食生产的限制因素。因此，鹤壁市大力提倡施用有机肥料和磷肥，到了90年代，农民施用过磷酸钙约50kg/亩，磷酸二铵在生产上

也大量施用，施用量 20～30kg/亩，90 年代粮食一季平均单产达到了 382.9kg/亩。复种指数高了，粮食产量高了，农民为了追求更高的产量，盲目加大氮肥、磷肥的施用量，而不注重钾肥和微量元素肥料的施用，使土壤养分严重失调，为了平衡土壤养分，增强农业发展后劲，根据农业部及省站的指示精神，实施了"沃土工程""补钾工程""增微工程"等。使粮食产量大大提高，到了 2000 年，鹤壁市粮食一季平均单产已经达到 404.3kg。

2000 年以来，农民施肥水平不断提高，农业生产突飞猛进的发展，粮食产量逐年提高，特别是 2006 年以来我们实施了农业部"测土配方施肥项目"，做了大量宣传培训工作，使农民施肥观念得到根本转变，测土配方施肥技术得到普及，多数农民能平衡施肥，据对农民施肥情况调查：一般年施肥数量为有机肥 1 500kg/亩、复合肥或配方肥料 60～80kg/亩、尿素 30～40kg/亩。2008 年，粮食一季平均单产已达到 464.4kg，比 90 年代的 382.9kg/亩，提高了 81.5kg/亩。

三、施肥现状

（一）有机肥施用现状

有机肥具有养分全、肥效长、成本低、来源广等特点。施用有机肥既能提供作物需要的各种养分，又可培肥土壤，改善土壤理化性状。有机肥一般都以底肥的方式施入土壤。鹤壁市有机肥的主要品种有麦秆麦糠堆沤肥、秸秆直接还田、厩肥、土杂肥、沼气液肥、商品有机肥。在这些有机肥中，堆肥、沤肥、厩肥、土杂肥一般含 N 0.6%、含 P_2O_5 0.3%、含 K_2O 0.5%。据化验分析，玉米秸秆中含全氮 0.88%、全磷 0.10%、全钾 1.92%，小麦秸秆中含全氮 0.82%、全磷 0.04%、全钾 2.46%。秸秆产量与粮食产量的比例是（1.2～1）∶1，按此推算，全市每年玉米秸秆还田量为 3 300～4 000t，相当于投入尿素 6 313～7 652t，重钙 750～909t，氯化钾 10 560～12 800t；小麦秸秆还田总量为 4 400～5 200t，相当于尿素 7 844～9 270t，重钙 400～473t，氯化钾 18 040～21 320t。如按现在每吨尿素 1 800 元、每吨重钙 2 800 元、每吨氯化钾 3 000 元的出厂价格计算，两项合计全市每年可节约氮肥投资 2 831 万～3 046万元，节约磷肥投资 322 万～368 万元，节约钾肥投资 8 580 万～10 236万元。此外，作物秸秆中还含有一些作物生长发育必需的中、微量元素，在作物的生命周期中起着不可代替的作用。

（二）作物秸秆还田现状

作物秸秆还田已经为广大农民接受并普遍采用，全市作物秸秆资源总量 287 万 t，其中，小麦秸秆 175 万 t，玉米秸秆 112 万 t。目前，鹤壁市的小麦秸秆主要采取留高茬或覆盖的形式直接进行还田，玉米秸秆绝大部分都采取了直接粉碎还田的方式，花生秸秆则主要是过腹还田。

（三）化肥施用现状

全市年施用化肥折纯量为 74 675t，平均每公顷耕地 0.35t，其中氮肥 29 614t，磷肥 12 153t，钾肥 4 692t，氮、磷、钾施用比为 1∶0.41∶0.16。从作物施肥情况看，小麦一般是每公顷施纯氮 14～16kg，五氧化二磷 5～7kg，氧化钾 2～3kg，氮、磷、钾施用比为 1∶0.40∶0.17，玉米一般是每公顷施纯氮 18～20kg，五氧化二磷 0～3kg，氮、磷、钾施用比为 1∶0.08∶0。测土配方施肥项目实施 3 年来完成"3414"试验 116 个，对试验结果进行统计分析，初步得出了小麦和玉米在不同肥力水平上氮、磷、钾的利用率（见表1-6）。

表1-6　鹤壁市不同肥力水平的肥料利用率

作物	肥力水平	氮肥利用率（%）	磷肥利用率（%）	钾肥利用率（%）
小麦	高	23.5	11.3	27.8
	中	27.1	13.0	34.5
	低	31.2	14.7	38.5
	平均	27.3	13.0	33.6
玉米	高	10.9	13.8	22.8
	中	21.9	13.5	28.3
	低	32.3	26.1	54
	平均	21.7	17.8	35.03

从表1-6中可知：钾肥利用率最高，小麦、玉米氮肥利用率均比磷肥利用率高。在两种作物上，土壤肥力水平越高，氮、磷、钾肥利用率越低，土壤肥力水平越低，氮、磷、钾肥利用率越高。氮肥小麦比玉米高，磷、钾肥玉米比小麦高，这是夏季气温高，氮肥易挥发和流失，磷、钾肥释放量较大不易被土壤固定的缘故。

四、其他化肥的施用现状

鹤壁市农民施用的其他化肥有微肥、叶面肥、土壤改良剂和肥料添加剂，也施用少量饼肥。土壤改良剂和肥料添加剂施用量很少。微肥施用量1990—2008年逐年增加，微肥以锌肥、硼肥、铁肥、钼肥为主，锌肥施用量逐年增加，硼肥年际变化不大，铁肥、钼肥施用主要在花生、大豆作物上，施用量随着花生、大豆的种植面积发生变化。叶面肥施用量也呈上升趋势，主要随作物治虫治病喷药时同时喷施。

五、实施测土配方施肥对农户施肥的影响

自2006年实施测土配方施肥项目以来，鹤壁市市委、市政府对测土配方施肥项目工作高度重视，3年来，通过狠抓宣传培训，采取多种手段下乡进村入户发放施肥建议卡，开展多层次、多形式、多渠道的技术服务、小麦、玉米田间试验示范，让广大农户切实感受并看到了测土配方施肥的实际效果，实施测土配方施肥对农户施肥产生了极大的影响，农户的施肥观念发生了根本转变，配方肥的使用量逐年加大、单一施肥的现象逐渐减少。

（一）小麦施肥品种及数量的变化

小麦施肥主要品种为配方肥、复合肥、单质肥料，配方肥所占比例达到58.2%，亩均使用量为41.53kg，复合肥所占比例为22.1%，亩均使用量为44.52kg，有机肥主要为秸秆还田和秸秆过腹还田、堆沤肥，有机肥与氮肥、磷肥按施肥建议卡搭配使用，改变了过去施肥品种多而杂，配方比例不适宜的状况。小麦施肥次数、时期、比例及使用方法的变化：小麦施肥由过去在播种前整地时做基肥一次性施入、施肥方法为撒施的做法，变为氮肥采用部分做底肥、部分做追肥的方法，追肥一般在小麦起身到拔节期进行，高产田及中产田将氮肥总量的 50% ~60% 做底肥，40% ~35% 做追肥；磷肥的施用方法：将 70% 的磷肥于耕地前均匀撒施于地表，然后耕地翻入地下；30% 的磷肥于耕地后撒于垄头，耙平，利于苗期吸收。

（二）玉米施肥品种及数量的变化

玉米施肥品种主要为配方肥、尿素及复合肥，配方肥所占比例为 54.09%，亩平均使用量为 33.15kg，不同产量水平使用量不同；尿素所占比例为 20.16 %，亩平均使用量为 30.47kg；复合肥所占比例为 14%，亩平均使用量为 34.26kg。改变了过去的玉米施肥单施氮肥的不合理现象，高产田配方肥使用量明显增加，但中低产田单一施用氮肥（尿素）、不施磷钾肥的现象仍占一定比例，原因是旱地多、玉米生长期天气干旱影响产量，导致农户不愿过多投入肥料成本。玉米施肥次数、时期、比例及使用方法的变化：玉米施肥时期由过去的大喇叭口期一次性将肥料全部施入（即"一炮轰"施肥法），变为现在的 30% 的氮肥于玉米定苗后或玉米 5 ~6 片叶时施用，70% 的氮肥在玉米大喇叭口期施用。施肥方法多为裸施，所占比例为 70%，穴施覆土所占比例仅为 30%。实施测土配方施肥后变为沟施或穴施，施肥深度在 15cm，施后及时覆土；对缺锌土壤每亩补施锌肥 1kg。

六、施肥实践中存在的主要问题

（一）有机肥用量偏少

20 世纪 70 年代以来，随着化肥工业的高速发展，化肥高浓缩的养分、低廉的价格、快速的效果得到广大农民的青睐，化肥用量逐年增加，有机肥的施用则逐渐减少，进入 80 年代，实行土地承包责任制后，随着农村劳动力的大量外出转移，农户在施肥方面重化肥施用，忽视有机肥的投入，人畜粪尿及秸秆沤制大量减少，造成了土壤有机质下降、有机肥和无机肥施用比例严重失调。

（二）氮磷钾三要素施用比例失调

有一些农民对作物需肥规律和施肥技术认识和理解不足，存在氮磷钾施用比例不当的问题，部分中低产田玉米单一施用氮肥（尿素）、不施磷钾肥的现象仍占一定比例，原因为无灌溉条件、怕玉米生长期内天气干旱影响产量，导致农户不愿过多投入肥料成本。部分农户使用氮磷钾比例为 15 – 15 – 15 的复合肥，不补充氮肥，造成氮肥不足，磷钾肥浪费的现象，影响作物产量的提高。由于氮磷钾比例失调，钾肥施用量不足，导致土壤中钾素含量下降。从鹤壁市 2006—2011 年土壤养分化验结果看，第二次土壤钾素的含量比第二次土壤普查时下降了 43mg/kg。同时，中微量元素肥料的施用未引起足够的重视，随着农作物产量的提高，缺乏中微量元素将可能成为农业生产上新的限制因素。

（三）化肥施用方法不当

1. 氮肥表施：农民为了省时、省力及某些地方灌溉条件不足，玉米追施化肥时趁降雨将化肥（尿素）撒于地表，造成氮素挥发损失，降低了肥料的利用率，也造成了环境污染。

2. 钾肥使用比例过低：长期以来，农民普遍使用氮肥、磷肥，而钾肥使用很少。第二次土壤普查结果表明，鹤壁市耕地土壤速效钾含量较高，能够满足作物生长的需要，随着耕地生产能力和作物生物产量的提高，土壤有效钾素被大量消耗，而补充到土壤中的钾素较少，导致了土壤中钾素含量下降，从而影响作物特别是喜钾作物烟草、马铃薯的正常生长和产量提高，降低了作物的抗逆性。虽然经过三年测土配方施肥项目的实施，土壤中速效钾含量有所提高，但从氮磷钾肥使用的比例上来看，钾肥用量仍然较少，因此，补施钾肥是作物高产的重要措施。

3. 种肥使用技术较少：在调查的农户中，基本没有农民施用种肥，忽视了种肥的增产作用。从实践经验看，每亩施用 5～10kg 配方肥做种肥，能起到增产效果。

第二章 土壤与耕地资源特征

第一节 耕地土壤的立地条件

一、地貌类型

（一）地形

鹤壁市地形复杂，从总地势言，由西向东逐渐降低，西部山峰高度大部分海拔在500m以上，东部平原多在100m以下。西部、北中部为太行山余脉，东部分别为洪积平原，冲积平原，山区与平原的过渡地带，多系丘陵垄岗，因而从地形而言全市有山地、丘陵、平原三大类型。

全市地势可分为3个阶梯，由西向东依次为山地、丘陵和平原。最高一级为低山，大都在500~1 000m，相对高差200~300m。最高山峰在淇县三县脑，海拔高度1 019m。第二级为丘陵和垄岗，海拔高度为200~500m相对高差为50~200m，水土流失严重。第三级即地势阶梯最低一级为海拔100m以下的平原，由西北向东南倾斜，总坡降1/1500，东南角最低点海拔高度为53m。鹤壁市西高东低的地势。

西高东低，地面坡降约为1/5 000。最高点为屯子相山，海拔234m，最低点是善堂镇朱村坡，海拔53m。根据其成因和形态特征，分平原、残山和垄岗3个类型。

（二）地貌

1. 山地：鹤壁市山地属太行山的东延部分，为剥石石质山地。山地岩石以石灰岩为最普遍，石灰岩山地土层浅薄，以石质土为主，花岗岩、砂岩、页岩区多为粗骨土。一般山坡坡度在30度左右，局部在45度以上。海拔高度在750m左右，个别山峰在1 000m以上，相对高度一般在200~300m，岩石裸露，山顶浑圆，一般称为馒头山。植被稀疏，雨量较少，水源较缺，枯水季节，沟水断流。气候冷热变幅较大，物理风化强烈，流水侵蚀，搬运作用较弱，广泛分布着残积与坡积母质，山坡呈凸型，沟谷过呈凹型。共有大小山峰215个，主要谷沟由土门沟、黄洞沟、赵家沟、高洞沟、张家沟、施地沟、辉家沟等。

2. 丘陵和垄岗地：丘陵地分布于山地的外围，地形比较复杂，由黄土丘陵，也有遭受切割的洪积物岗坡地形，海拔高度150~300m，相对高差20~100m，坡度10~25度，土层厚度之间差异较大，除了大部分土层的黄土覆盖物外，还有土层薄的多为石灰岩风化的残积、坡积物，由部分粗骨性的古洪积物。该区水土流失较严重，干旱缺水是主要矛盾。土壤一石灰性褐土为主，其发育程度与侵蚀状况有关，石质丘陵有一些粗骨土和石质土。岗地多系洪积而成，海拔高度90~150m，相对高差10~20m，呈较平缓的垄岗。长达数公里至数十公里，宽 1~2km，岗顶平缓，岗坡多为梯田，鹤壁市浚县中北部的火龙岗，山城区的东部和淇滨区中东部均是这种地貌，岗脊分布着石灰性褐土，褐土性土，平缓的岗坡分布着具有砂姜间层的洪积褐土。

3. 平原

（1）山前倾斜洪积平原：分布在淇河洪积冲击平原的上部，大致在京广线西侧至太行山麓，受到轻度切割侵蚀，为平原的最高部分，坡降较大，约在 1/500，土层一般较薄，且有砾石、粗砂夹层，有的地方甚至母岩裸露地表，土壤以石灰性褐土为主，其次是新积土、洪积褐土性土和洪积褐土，成土母质为洪积母质。

（2）淇河洪积冲积平原：大致分布在火龙岗以西到淇河沿岸，北至浚汤界，南到民丰渠。地势较平缓，自西向东、自北向南倾斜，综合坡度在 1/700 左右，海拔高度在 80~100m，土层深厚，土壤以洪积褐土为主，其次部分地区为潮褐土，水源条件好，是鹤壁市的粮棉高产区，成土母质为淇河洪积冲积物。因此，淇河所经之处，矿物质颗粒较粗，距淇河渐远则颗粒较细。

（3）卫河洪积平原：卫河冲积平原分布在浚县的东中部，西南部与淇河洪积冲积平原相接，西部以共产主义渠为界，东至金堤。地势自西南向东北倾斜，地表坡降约为 1/5 000，海拔高度在 57~65m，由于卫河蜿蜒曲折，一旦汛期来水迅猛，宣泄不畅，历史上曾多次决口泛滥，形成了多个微型地貌。公元前 602 年以前，此处是黄河流经地，史称"禹河"。公元前 602 年（周定王五年），黄河自宿胥口（今淇门一带）改道东流，黄河改道后，成为卫河流经地，原来古黄河沉积物被后来的卫河冲积物所覆盖。因此，其地壳沉积物多为卫河泛滥而成。分布着潮土（在缓斜平地上多为壤质潮土，坡洼地上多为黏质潮土），（高滩地）和盐化潮土和碱化潮土（洼地边沿），该区水源丰富，可以发展井灌。

（4）古黄河冲积平原区：分布在浚县的金堤以东，地势自西南向东北倾斜，海拔高度在 53~58m。此处是周定王五年至北宋黄河流经处。由于历史上黄河多次泛滥和改道，形成砂丘，砂垄和丘间洼地、古河漫滩等多种微地貌形态，砂丘和砂垄分布在黄河故道及泛水流径的地区。如浚县善堂乡的东部、南部的砂丘、砂垄是古黄河床的砂土经风力吹扬搬运，堆积而形成的。宋村、朱村、白毛、临河洼地，则是决口形成的坑塘或泛水河道，卫河、卫南的高滩地是古黄河漫滩砂丘、砂垄上分布着风砂土，丘间洼地上分布着潮土，坡洼地分布着湿潮土，古河漫滩为脱潮土。该区土壤质地较轻，保水保肥性能较差，农业生产条件不如卫河冲积平原。

二、成土母质

鹤壁市成土母质，按其形成过程划分为以下几种类型：

1. 残积、坡积物：主要分布在鹤壁市中北部的残山和垄岗地带，海拔高度在 65m 以上。岩性为云母片岩、云母石英岩、角闪石云母片岩、千枚岩和石英岩的风化物。由于地势较高，坡度大，经常受流水侵蚀作用的影响，由石砾到细土均有，层次不明显。残积物多分布在残山顶部，土层较薄，通常为 20~30cm，有些冲刷严重的部位，母质厚度尚不足 10cm。在残山地带由于自然植被较多，因此，在地表有较多的有机质积累。坡积物多分布在残山与垄岗的腰部与麓部，一般上薄下厚，同时受地形的影响较大，凡低洼处堆积物均较厚。

2. 洪积物：主要分布在鹤壁市的垄岗向平原的过渡地带。属 Q_2 的浅褐红、褐红、浅红褐、黄红、灰黄、黑黄色的亚黏土、亚砂土，结构致密，含有白色菌丝体、铁锰结核。这层上部，为 Q_3 的浅灰黄、黄褐、灰黄、浅褐红、灰褐、褐黄等色。土质疏松，垂直节理发育。

3. 冲积物：鹤壁市的卫河、淇河、古黄河道两侧属冲积物。冲积物是由河流多次泛滥沉积而成。特点是土层深厚，层次明显，沉积物的成分较复杂，有砂土、亚砂土、黏土、亚黏土。

4. 风积物：鹤壁市砂丘系黄河多年泛滥改道后经风力搬运而成。在干旱季节，砂粒被风吹扬而后受阻，即形成砂丘。鹤壁市东部、东南部的砂丘多成带状分布。其特点是层次不明显，质地多属粗砂，疏松而保水性能差，易造成干旱。

三、母质与土壤形成的关系

母质是形成土壤的物质基础，它密切地影响着土壤的形成过程及一系列的理化性质。

其一，母岩与母质的成分，积极的加速或延缓着成土过程。鹤壁市母岩、母质中含有丰富的碳酸钙，有很大的抵抗酸性淋溶作用的能力，在长期发育过程中，土体中必然出现碳酸钙的淀积，成为鹤壁市西部土壤褐土化过程的标志之一，若在酸性或中性母岩上发育而成的土壤，就不会有这种现象产生，所以在我区的气候条件下，其淋溶程度远较在酸性与中性母岩上发育的土壤为弱，这就明显地抑制了淋溶过程的发育。

其二，母岩、母质的矿物组成与化学成分，在很大程度上决定着土壤的化学成分，鹤壁市土壤是在基性母岩上发育而成的，养分状况比较丰富，鹤壁市土壤是在黄土母质上形成的土壤，含有丰富的碳酸钙与磷、钾等植物营养元素。

其三，母岩、母质的性质也同样影响着土壤的物理性质。例如，在花岗岩母岩上经过风化雨成土过程形成的土壤，由于花岗岩中含有大量的石英矿，极难风化，故土壤质地粗而石砾多，通透性良好，保水性差，土温升降块，在鹤壁市淇县的北阳乡有点片分布。在页岩上形成的土壤，由于本身即为黏土细粒沉积而成，故形成的土壤质地黏重，保水保肥性良好，但透水通气性能差，鹤壁市质地黏重的土壤分布广泛。

其四，母岩母质的理化性质不同，也必然影响着植物群落的类型、数量及其演化过程。故母岩与母质是影响土壤形成过程及理化生物学物性的重要因素。

四、植被

鹤壁市耕作历史悠久，原始植被基本已被破坏，目前植被由三部分组成：一是木本植物，主要是泡桐、刺槐、榆、柳、大观杨、毛白杨、椿、楝、侧柏等用材树种；大枣、柿子、核桃等木本粮油树种；苹果、梨、杏、葡萄等鲜果树种；桑、花椒、紫穗槐、白蜡条等经济树种；酸枣、柽柳等保持水土和改良盐碱的树种。二是草本植物，主要有小麦、大麦、玉米、高粱、谷子、大豆、绿豆、红薯及一些蔬菜和药用植物。三是野生杂草，沙棘豆、砂蓬、蒺藜、节节草、芦草、莎草、三棱草、碱蓬、猪毛菜、灰灰菜、马塘、狗尾草、刺儿菜等。

植被对于土壤的形成、发育、防止土壤侵蚀有良好的作用，特别是砂区和垄岗地区，树林对于防风固砂、防止土壤流失、保持土壤水分、调节小气候方面都有良好的效果。

第二节　土壤类型

一、土壤分类

土壤是一种历史的自然体,是多种因素综合作用的产物,它的形成与发展与所处的环境因素紧密相连。鹤壁市不同土壤类型各自都具有一定的发展演变过程、地理分布规律、基本形态特征、理化性状、生产性能及肥力特点和改良利用方向。但不同类型之间,一般又具有某种内在联系和相似的属性。土壤分类的目的就在于将繁多的土壤,按照发生、发育规律,以及物质的内在联系和不同阶段的形态特征上的反映、系统地连贯地加以研究,并在系统研究的过程中,将其不同发育阶段、不同的运动形态和不同质地的特征加以区分,以便针对不同的土壤类型作出评价,为合理利用、开发和保护,提供数量和质量的科学依据。

本次耕地地力评价将鹤壁市土壤分类系统归入河南省土壤分类系统,调整后的鹤壁市土壤分类系统为:5 个土类、15 个亚类、31 个土属、106 个土种。详见表 2 - 1 和表 2 - 2。

表 2 - 1　鹤壁市土壤分类

市土类名	市亚类名	市土属名	市土种名	面积(hm²)
潮土	典型潮土	洪积潮土	底黑洪积潮土	2 045. 34
			淤土	1 723. 43
		两合土	两合土	1 341. 51
			褐土化底砂两合土	17. 38
			褐土化底砂小两合土	120. 35
			褐土化底黏两合土	44. 71
			褐土化底黏小两合土	3 606. 62
	褐土化潮土	褐土化两合土	褐土化两合土	939. 86
			褐土化体砂小两合土	104. 41
			褐土化体黏两合土	148. 34
			褐土化小两合土	8 010. 14
			褐土化腰黏两合土	82. 01
			褐土化底壤砂壤土	15. 38
			褐土化底黏砂壤土	18. 8
		褐土化砂土	褐土化砂壤土	18. 49
			褐土化腰壤砂壤土	120. 83

（续表）

市土类名	市亚类名	市土属名	市土种名	面积（hm²）
潮土	褐土化潮土	褐土化淤土	褐土化淤土	28.17
			底砂两合土	399.3
			底砂小两合土	557.46
			底黏两合土	57.8
		两合土	底黏小两合土	11 223.05
			两合土	140.97
			体黏两合土	270.27
			体黏小两合土	168.43
	黄潮土		小两合土	310.07
			底壤砂壤土	152.57
			底黏砂壤土	4 463.08
潮土		砂土	砂壤土	335.69
			体壤砂土	74.84
			细砂土	2 580.75
			底壤淤土	151.35
		淤土	夹壤淤土	579.39
			腰壤淤土	1 552.79
			淤土	9 086.92
	碱化潮土	碱化潮土	重碱底黏两合土	124.36
	湿潮土	湿潮壤土	壤质冲积湿潮土	1.71
		湿潮黏土	黏质冲积湿潮土	61.98
	脱潮土	脱潮壤土	褐土化两合土	1 344.91
			褐土化小两合土	698.56
	盐化潮土	盐化潮土	轻盐底黏小两合土	139.68
风砂土	冲积性风砂土	固定砂丘风砂土	固定砂丘细砂风砂土	314.89
		固定砂丘风砂土 汇总		314.89
			潮黑垆土	4 979.5
			潮红垆土	1 114.27
		潮褐土	浅位厚层砂姜潮黑垆土	67.8
			壤质潮褐土	3 105.2
			深位薄层砂姜潮黑垆土	278.24
			深位中层砂姜潮黑垆土	269.17
褐土	潮褐土	岗潮褐土	壤质岗潮褐土	136.03
			薄复潮褐土	1 249.66
			厚复潮褐土	52.83
			浅位厚层砂姜厚复潮褐	48.62
		黄复潮褐土	深位薄层砂姜薄复潮褐	371.55
			深位中层砂姜薄复潮褐	209.53
			深位中层砂姜厚复潮褐	0.19
	褐土	立黄土	赤金土	1 390.85

（续表）

市土类名	市亚类名	市土属名	市土种名	面积（hm²）
褐土	褐土	立黄土	立黄土	8 761.91
			浅位厚层砂姜赤金土	523.69
			深位薄层砂姜赤金土	687.25
			深位薄层砂姜立黄土	698.9
			深位中层砂姜赤金土	1 749.74
			深位中层砂姜立黄土	1 424.47
		垆土	黑垆土	202.63
			红垆土	2 939.53
		堆垫褐土性土	中层堆垫褐土性土	6.34
		褐土性红土	薄层褐土性红土	102.12
			褐土性红土	646.78
			厚层褐土性红土	86.77
	褐土性土		薄层褐土性黄土	169.51
			薄层壤质褐土性黄土	76.54
			多砾质薄层壤质褐土性	2.47
			多砾质厚层壤质褐土性	40.28
		褐土性黄土	厚层褐土性黄土	1 272.8
			厚层壤质褐土性黄土	1 882.8
			少砾质厚层褐土性黄土	546.62
			中层褐土性黄土	953.81
			中层壤质褐土性黄土	926.02
			中砾质厚层褐土性黄土	622.25
			薄层灰石土	438.67
			多砾质薄层灰石土	65.73
			多砾质中层灰石土	159.36
		灰石土	多砾质中层壤质褐土性	81.03
			少砾质薄层灰石土	13.86
			中层灰石土	8.51
			中砾质薄层灰石土	313.42
			中砾质中层灰石土	1.03
		砾砂土	多砾质厚层砾砂土	35.38
	石灰性褐土	白面土	洪积碳酸盐褐土	731.57
		立黄土	洪积褐土	12 894.91
		白面土	白面土	110.66
			多砾质壤质垆土	58.94
			旱红垆土	24.22
	碳酸盐褐土	旱垆土	旱黄垆土	3 550.6
			黄垆土	8.78
			壤质垆土	3 081.82
			少砾质壤质垆土	2 138.44

（续表）

市土类名	市亚类名	市土属名	市土种名	面积（hm²）
褐土	碳酸盐褐土	旱垆土	深位厚层砾质壤质垆土	37.92
新积土	冲积土	山地砾砂土	多砾质厚层山砂土	58.53
			多砾质中层山砂土	164.62
总计				11 4751.29

表2-2 河南省与鹤壁市土壤分类系统土种名称对照

市土类名	市亚类名	市土属名	市土种名	省土种名
潮土	典型潮土	洪积潮土	底黑洪积潮土	壤质洪积潮土
			淤土	黏质洪积潮土
		两合土	两合土	壤质洪积潮土
	褐土化潮土	褐土化两合土	褐土化底砂两合土	脱潮底砂两合土
			褐土化底砂小两合土	脱潮底砂小两合土
			褐土化底黏两合土	脱潮底黏两合土
			褐土化底黏小两合土	脱潮底黏小两合土
			褐土化两合土	脱潮两合土
			褐土化体砂小两合土	脱潮浅位厚砂小两合土
			褐土化体黏两合土	脱潮浅位厚黏两合土
			褐土化小两合土	脱潮小两合土
			褐土化腰黏两合土	脱潮浅位黏两合土
		褐土化砂土	褐土化底壤砂壤土	底壤砂壤质砂质脱潮土
			褐土化底黏砂壤土	底黏砂壤质砂质脱潮土
			褐土化砂壤土	砂壤质砂质脱潮土
			褐土化腰壤砂壤土	浅位壤砂壤质砂质脱潮土
		褐土化淤土	褐土化淤土	脱潮淤土
	黄潮土	两合土	底砂两合土	底砂两合土
			底砂小两合土	底砂小两合土
			底黏两合土	底黏两合土
			底黏小两合土	底黏小两合土
			两合土	两合土
			体黏两合土	浅位厚黏两合土
			体黏小两合土	浅位厚黏小两合土
			小两合土	小两合土
		砂土	底壤砂壤土	底壤砂质潮土

市土类名	市亚类名	市土属名	市土种名	省土种名
潮土	黄潮土	砂土	底黏砂壤土	砂壤土
			砂壤土	砂壤土
			体壤砂土	浅位壤砂质潮土
			细砂土	砂质潮土
		淤土	底壤淤土	底壤淤土
			夹壤淤土	浅位壤淤土
			腰壤淤土	浅位壤淤土
			淤土	淤土
	碱化潮土	碱化潮土	重碱底黏两合土	苏打强碱化潮土
	湿潮土	湿潮壤土	壤质冲积湿潮土	壤质冲积湿潮土
		湿潮黏土	黏质冲积湿潮土	黏质冲积湿潮土
	脱潮土	脱潮壤土	褐土化两合土	脱潮两合土
			褐土化小两合土	脱潮小两合土
	盐化潮土	盐化潮土	轻盐底黏小两合土	氯化物轻盐化潮土
风砂土	冲积性风砂土	固定砂丘风砂土	固定砂丘细砂风砂土	固定草甸风砂土
褐土	潮褐土	潮褐土	潮黑垆土	黏质潮褐土
			潮红垆土	黏质潮褐土
			浅位厚层砂姜潮黑垆土	浅位钙质潮褐土
			壤质潮褐土	壤质潮褐土
			深位薄层砂姜潮黑垆土	深位钙盘潮褐土
			深位中层砂姜潮黑垆土	深位钙盘潮褐土
		岗潮褐土	壤质岗潮褐土	轻壤质潮褐土
		黄复潮褐土	薄复潮褐土	壤质潮褐土
			厚复潮褐土	壤质潮褐土
			浅位厚层砂姜厚复潮褐	浅位钙质潮褐土
			深位薄层砂姜薄复潮褐	深位钙盘潮褐土
			深位中层砂姜薄复潮褐	深位钙盘潮褐土
褐土	褐土	立黄土	赤金土	壤质洪积褐土
			立黄土	壤质洪积褐土
			浅位厚层砂姜赤金土	浅位多量砂姜洪积褐土
			深位薄层砂姜赤金土	深位多量砂姜洪积褐土
			深位薄层砂姜立黄土	深位多量砂姜洪积褐土
			深位中层砂姜赤金土	深位多量砂姜洪积褐土
			深位中层砂姜立黄土	深位多量砂姜洪积褐土
		垆土	黑垆土	黏质洪积褐土
			红垆土	黏质洪积褐土
	褐土性土	堆垫褐土性土	中层堆垫褐土性土	厚层堆垫褐土性土
		褐土性红土	薄层褐土性红土	薄层石灰性红黏土
			褐土性红土	厚层洪积褐土性土
			厚层褐土性红土	厚层石灰性红黏土
		褐土性黄土	薄层褐土性黄土	中层洪积褐土性土
			薄层壤质褐土性黄土	薄层洪积褐土性土
			多砾质薄层壤质褐土性	薄层洪积褐土性土
			多砾质厚层壤质褐土性	厚层洪积褐土性土
			厚层褐土性黄土	厚层洪积褐土性土

（续表）

市土类名	市亚类名	市土属名	市土种名	省土种名
			厚层壤质褐土性黄土	厚层洪积褐土性土
			少砾质厚层褐土性黄土	厚层洪积褐土性土
			中层褐土性黄土	中层洪积褐土性土
			中层壤质褐土性黄土	中层洪积褐土性土
			中砾质厚层褐土性黄土	厚层洪积褐土性土
			薄层灰石土	钙质石质土
			多砾质薄层灰石土	钙质石质土
			多砾质中层灰石土	钙质石质土
			多砾质中层壤质褐土性	厚层洪积褐土性土
褐土	褐土性土		少砾质薄层灰石土	钙质石质土
			中层灰石土	钙质石质土
			中砾质薄层灰石土	钙质石质土
			中砾质中层灰石土	钙质石质土
		砾砂土	多砾质厚层砾砂土	黄土质黄褐土性土
	石灰性褐土	白面土	洪积碳酸盐褐土	壤质洪积石灰性褐土
		立黄土	洪积褐土	壤质洪积褐土
	碳酸盐褐土	白面土	白面土	壤质洪积石灰性褐土
		旱垆土	多砾质壤质垆土	多砾洪积石灰性褐土
			旱红垆土	黏洪积石灰性褐土
			旱黄垆土	黏洪积石灰性褐土
			黄垆土	壤质洪积褐土
			壤质垆土	壤质洪积石灰性褐土
			少砾质壤质垆土	少砾洪积石灰性褐土
			深位厚层砾质壤质垆土	多砾洪积石灰性褐土
新积土	冲积土	山地砾砂土	多砾质薄层山砂土	多砾石灰性冲积新积土
			多砾质厚层山砂土	厚层洪积褐土性土
			多砾质中层山砂土	多砾石灰性冲积新积土

二、土壤分布

（一）土壤分布的规律性

鹤壁市土壤分布有明显的地域差异，大体可分4个土区。

1. 浅山区的石质土和粗骨土：鹤壁市山地多为石灰岩山地，地形陡峭，水土流失严重，土层极薄，多含砾石或基岩裸露，主要土壤有石质土（剖面构型为 AR 型）和粗骨土（剖面构型为 AC 型）。

该区以物理风化为主，化学风化较弱，所以石灰岩山地更为陡峭，岩石裸露，土层极薄，以石质土为主；花岗岩、砂岩和页岩山地风化层稍厚，多为粗骨土。林外，各种岩石山地的坡麓部位，土层较厚，有粗骨土或褐土。

2. 垄岗丘陵、山麓洪积冲积平原的褐土：丘间盆地中堆积有黄土，以石灰性褐土为主。

坡度较缓慢的丘陵，侵蚀不甚强烈，有褐土分布，石质丘陵则有粗骨土和石质土分布。淇县山麓洪积平原因坡降较大，也以石灰性褐土为主。淇滨区西南部的地势平坦，淋溶作用较强，土壤为洪积褐土。

3. 淇河洪积—冲积平原：该区是淇河历次泛滥而成，地势平坦，坡度比上部较小，排水条件好，地下水5m以上，土壤不受地下水的影响，主要为洪冲积褐土。

4. 冲积平原区：鹤壁市东部冲积平原是由卫河、古黄河历次泛滥而成，地势平坦，地面坡度小，地表径流滞缓，地下水位3～5m，土壤受地下水影响，主要为潮土。古黄河漫滩地势较高，分布有脱潮土，洼地有湿潮土。另外，古黄河床有风砂土。

（二）土壤分布

1. 褐土：褐土是温带半淋溶条件下进行地带性成土过程形成的土壤。只要分布在鹤壁市火龙岗以西，海拔在60～150m的千山丘陵及山麓平原。包括淇滨区、山城区、鹤山区的全部，淇县的绝大部分地区，浚县的火龙岗及其以西为褐土区。面积为61 272.73hm²，占总土壤面积的53.4%。

鹤壁市褐土土类由于成土过程、强度和时间的差异分为褐土、石灰性褐土、洪积潮褐土、褐土性土4个亚类。

（1）潮褐土亚类：潮褐土亚类分布合并区、北阳镇、白寺乡、屯子镇等乡镇，全市面积11 882.6hm²，占全市土壤面积的10.4%。该亚类只有一个土属，即泥砂质潮褐土。

（2）典型褐土：典型褐土亚类主要分布在合并区，面积为3 142.16hm²，占全市土壤面积的3.7%。该亚类只有一个土属，即泥砂质褐土。

（3）褐土性土亚类：该亚类主要分布在合并区、北阳镇、黄洞乡、屯子镇等乡镇，全市面积5 638.11hm²，占总土壤面积的4.9%。褐土性土分为堆垫褐土性土和泥砂质褐土性土两个土属。

①堆垫褐土性土土属：堆垫褐土性土土属主要分布在合并区，全市面积6.34hm²，占总土壤面积的0.005%。

②泥砂质褐土性土土属：泥砂质褐土性土土属主要分布在合并区、北阳镇、黄洞乡等乡镇，全市面积5 631.77hm²，占总土壤面积的4.91%。

（4）石灰性褐土亚类：石灰性褐土亚类是鹤壁市褐土土类中的一个典型土壤，主要分布在合并区、北阳镇高村镇、庙口镇、白寺乡屯子镇等乡镇，全市面积37 874.71hm²，占总土壤面积的33%。该亚类只有一个土属，即泥砂质石灰性褐土。

2. 潮土

潮土是鹤壁市分布最广、面积最大的耕作土壤。全市各乡镇均有分布，多集中分布在市中部和东部各乡。共计面积52 861.68hm²，占全市总土壤面积的46.1%。

鹤壁市潮土有5个亚类：典型潮土、碱化潮土、湿潮土、脱潮土、盐化潮土。

（1）典型潮土亚类：典型潮土亚类是鹤壁市的主要土壤。主要分布在小河镇、城关镇、王庄乡、新镇镇、西岗镇、北阳镇等乡镇。全市面积37 215.01hm²，占全市总土壤面积的32.4%，根据成土母质淀积规律，可分为石灰性潮壤土、石灰性潮砂土、石灰性潮黏土3个土属。

①石灰性潮壤土土属：石灰性潮壤土分布较广泛，以小河、城关、王庄、新镇等乡镇面积较大。全市面积有13 127.35hm²，占全市总土壤面积的11.44%。

②石灰性潮砂土土属：石灰性潮砂土多分布在河流泛道及两侧的河漫滩上，以善堂镇、黎阳镇新镇镇等乡镇。全市面积 7 606.94hm²，占全市总土壤面积的 6.63%。

③石灰性潮黏土土属：石灰性潮黏土主要分布在鹤壁市的坡洼地的中心地区，主要分布在城关镇、新镇镇、小河镇、国营浚县农场等地。全市面积有 11 370.45hm²，占全市总土壤面积的 9.91%。

④洪积潮土土属：洪积潮土土属主要分布在鹤壁市的北阳镇、西岗镇、朝歌镇、高村镇、桥盟乡等乡镇，全市面积有 5 110.28hm²，占全市总土壤面积的 4.45%。

（2）碱化潮土亚类：鹤壁市碱化潮土亚类面积 124.36hm²，占全市总土壤面积的 0.11%，分布在黄河故道的善堂镇低洼地区。

碱化潮土亚类只有一个土属，即碱潮壤土。

（3）湿潮土亚类：湿潮土分布在善堂镇，全市面积有 63.7hm²，占全市总土壤面积的 0.05%。

湿潮土亚类有两个土属，即湿潮壤土和湿潮黏土。

（4）脱潮土亚类：脱潮土在鹤壁市主要分布在黎阳镇、善堂镇、王庄乡、西岗镇等乡镇。全市面积 15 318.93hm²，占全市总土壤面积的 13.35%，鹤壁市脱潮土亚类包括脱潮壤土、脱潮砂土、脱潮黏土 3 个土属。

①脱潮壤土土属：脱潮壤土土属分布在合并区、善堂镇、卫贤镇、王庄乡西岗镇等乡镇。全市面积 15 117.28hm²，占全市总土壤面积的 13.17%。

②脱潮砂土土属：脱潮砂土主要分布在善堂、王庄、黎阳 3 个乡镇。全市面积 173.49hm²，占全市总土壤面积的 0.15%。

③脱潮黏土土属：脱潮黏土主要分布在黎阳镇。全市面积 28.17hm²，占全市总土壤面积的 0.25%。

（5）盐化潮土亚类：盐化潮土亚类仅分布在王庄乡低洼地区的二坡地上。全市面积 139.68hm²，占全市总土壤面积的 0.24%。盐化潮土亚类只有一个氯化物潮土土属。

3. 风砂土：鹤壁市风砂土主要分布在善堂镇的东北部和南部，城关乡的东部也有一部分。全市有风砂土面积 314.89hm²，占全市总土壤面积的 0.27%。

鹤壁市风砂土土类只有一个草甸风砂土亚类，一个草甸固定风砂土土属。

4. 石质土：鹤壁市石质土分布在合并区、黄洞乡、庙口镇、白寺乡等乡镇。全市土壤面积 2 569.46hm²，占全市总土壤面积的 2.24%。

鹤壁市石质土土类只有一个钙质石质土亚类，一个灰泥质钙质石质土土属。

5. 红黏土：红黏土分布在合并区，全市土壤面积 188.89hm²，占全市总土壤面积的 0.16%。

鹤壁市红黏土类只有一个红黏土亚类，一个红黏土土属。

6. 黄褐土：黄褐土分布在合并区，全市土壤面积 35.38hm²，占全市总土壤面积的 0.03%。

鹤壁市红黏土类只有一个黄褐土性土亚类，一个黄土质黄褐土性土土属。

7. 新积土：新积土分布在北阳镇，全市土壤面积 243.41hm²，占全市总土壤面积的 0.21%。

鹤壁市红黏土类只有一个冲积土亚类，一个石灰性冲积壤土土属（表 2 - 3）。

表2-3 鹤壁市土种类型各乡镇分布

乡名称	省土种名	面积（hm²）
	底砂两合土	64.33
	底黏小两合土	36.21
	钙质石质土	168.88
	浅位多量砂姜洪积褐土	363.97
	浅位壤淤土	32.33
	轻壤质潮褐土	112.41
	壤质潮褐土	52.83
	壤质洪积褐土	640.61
白寺乡	壤质洪积石灰性褐土	2.33
	深位多量砂姜洪积褐土	2 690.35
	深位钙盘潮褐土	218.27
	脱潮底黏小两合土	7.89
	淤土	1 683.46
	黏质潮褐土	882.56
	中层洪积褐土性土	146.67
白寺乡 汇总		7 103.11
	薄层石灰性冲积新积土	44.68
	多砾石灰性冲积新积土	198.73
	钙质石质土	175.23
	厚层洪积褐土性土	793.94
	壤质潮褐土	1 881.79
北阳镇	壤质洪积潮土	780.43
	壤质洪积褐土	1 543.86
	壤质洪积石灰性褐土	606.75
	黏质洪积潮土	669.9
	中层洪积褐土性土	113
北阳镇 汇总		6 808.31
	壤质潮褐土	11.72
朝歌镇	壤质洪积潮土	772.49
	壤质洪积褐土	78.73
	黏质洪积潮土	18.24

（续表）

乡名称	省土种名	面积（hm²）
朝歌镇 汇总		881.19
	底壤砂质潮土	30.97
	底砂两合土	45.65
	底黏小两合土	85.87
城关镇	浅位壤砂质潮土	29.34
	壤质洪积褐土	12.29
	壤质洪积石灰性褐土	1.44
	砂壤土	70.72
	脱潮小两合土	271.54
	小两合土	0.86
	淤土	107.57
城关镇 汇总		656.24
	厚层洪积褐土性土	124.07
	壤质潮褐土	119.89
	壤质洪积潮土	204.83
高村镇	壤质洪积褐土	4 930.11
	脱潮两合土	371.52
	中层洪积褐土性土	68.08
高村镇 汇总		5 818.51
	薄层洪积褐土性土	79.01
	薄层石灰性红黏土	102.12
	多砾洪积石灰性褐土	96.86
	钙质石质土	639.89
	厚层堆垫褐土性土	6.34
	厚层洪积褐土性土	1 801.17
	厚层石灰性红黏土	86.77
	黄土质黄褐土性土	35.38
	浅位多量砂姜洪积褐土	151.35
合并区	浅位钙质潮褐土	51.62
	壤质潮褐土	40.29
	壤质洪积褐土	4 541.53
	壤质洪积石灰性褐土	3 111.67
	少砾洪积石灰性褐土	2 138.44
	深位多量砂姜洪积褐土	655.87
	深位钙盘潮褐土	239.42
	脱潮两合土	697.08
	脱潮小两合土	630.44
	黏质潮褐土	3 810.15
	黏质洪积褐土	3 142.16
	黏质洪积石灰性褐土	3 574.83
	中层洪积褐土性土	834.4

（续表）

乡名称	省土种名	面积（hm²）
合并区 汇总		26 466.78
	钙质石质土	740.76
黄洞乡	厚层洪积褐土性土	499.41
	壤质洪积褐土	355.2
	中层洪积褐土性土	14.37
黄洞乡 汇总		1 609.73
	底壤淤土	111.71
	底砂两合土	32.26
	底砂小两合土	4.01
黎阳镇	底黏砂壤质砂质脱潮土	1.42
	底黏小两合土	588.71
	固定草甸风砂土	23.42
	厚层洪积褐土性土	105.1
	浅位厚黏小两合土	112.97
	浅位壤砂质潮土	28.4
	浅位壤淤土	204.75
	壤质洪积褐土	39.75
	砂壤土	715.95
	砂壤质砂质脱潮土	18.49
黎阳镇	砂质潮土	338.65
	脱潮底黏小两合土	788.4
	脱潮浅位厚黏两合土	148.34
	脱潮小两合土	1 998.49
	脱潮淤土	28.17
	小两合土	255.59
	淤土	1 028.87
黎阳镇 汇总		6 573.44
	钙质石质土	430.46
庙口镇	厚层洪积褐土性土	181.6
	壤质洪积褐土	3 370.19
	壤质洪积石灰性褐土	46.19
	中层洪积褐土性土	13.36
庙口镇 汇总		4 041.8
	底壤淤土	12.26
	底黏小两合土	6.3
农场	浅位厚黏小两合土	3.52
	浅位壤淤土	57.16
	小两合土	1.01
	淤土	800.55
农场 汇总		880.81
	钙质石质土	222.4
	厚层洪积褐土性土	321.29
桥盟乡	壤质潮褐土	399.13
	壤质洪积潮土	248.55
	壤质洪积褐土	2 509.94
	壤质洪积石灰性褐土	78.64

（续表）

乡名称	省土种名	面积（hm²）
桥盟乡 汇总		3 779.94
善堂镇	底壤砂壤质砂质脱潮土	15.38
	底壤砂质潮土	121.6
	底壤淤土	6.7
	底砂小两合土	387.4
	底黏砂壤质砂质脱潮土	17.38
	底黏小两合土	256.99
	固定草甸风砂土	291.47
	厚层洪积褐土性土	210
	两合土	87.81
	浅位厚黏小两合土	37.89
善堂镇	浅位壤砂壤质砂质脱潮土	116.12
	浅位壤砂质潮土	17.09
	浅位壤淤土	408.41
	壤质冲积湿潮土	1.71
	砂壤土	2 116.97
	砂质潮土	2 122.89
	苏打强碱化潮土	124.36
	脱潮底黏小两合土	440.54
	脱潮小两合土	1 606.24
	淤土	17.44
	黏质冲积湿潮土	61.98
善堂镇 汇总		8 466.38
屯子镇	底黏小两合土	1 064.83
	钙质石质土	115.54
	两合土	53.16
	浅位多量砂姜洪积褐土	8.37
	浅位钙质潮褐土	64.8
	浅位厚黏小两合土	14.04
	浅位壤淤土	224.05
	轻壤质潮褐土	0.01
	壤质潮褐土	1 209.38
	壤质洪积褐土	3 399.04
	砂壤土	26.83
	深位多量砂姜洪积褐土	1 214.15
	深位钙盘潮褐土	392.76
	脱潮底黏小两合土	126.04
	脱潮小两合土	111.7
	淤土	411.49
	黏质潮褐土	3.79
	中层洪积褐土性土	285.67

（续表）

乡名称	省土种名	面积（hm²）
屯子镇 汇总		8 725.65
	底黏小两合土	3 215.24
	厚层洪积褐土性土	9.84
	氯化物轻盐化潮土	139.68
	浅位厚黏两合土	217.93
	浅位壤砂壤质砂质脱潮土	4.7
王庄乡	浅位壤淤土	540.72
	砂壤土	190.91
	砂质潮土	101.6
	脱潮底黏小两合土	842.51
	脱潮小两合土	1 787.05
	淤土	289.07
王庄乡 汇总		7 339.25
	底砂两合土	29.3
	底黏小两合土	443.39
	钙质石质土	76.29
	浅位壤淤土	23.72
	轻壤质潮褐土	23.61
	壤质洪积褐土	1 079.46
	壤质洪积石灰性褐土	7.45
卫贤镇	砂壤土	114.69
	深位钙盘潮褐土	278.24
	脱潮底砂小两合土	73.18
	脱潮底黏小两合土	1 240.2
	脱潮小两合土	1 122.49
	淤土	359.76
	黏质潮褐土	627.34
	中层洪积褐土性土	1.27
卫贤镇 汇总		5 500.39
	壤质潮褐土	677.38
	壤质洪积潮土	1 380.55
	壤质洪积褐土	106.87
西岗镇	脱潮两合土	973.39
	脱潮小两合土	698.56
	黏质洪积潮土	1 035.28

（续表）

乡名称	省土种名	面积（hm^2）
西岗镇 汇总		4 872.04
	底壤淤土	20.67
小河镇	底砂两合土	227.76
	底黏两合土	57.8
	底黏小两合土	2 186.67
	浅位厚黏两合土	52.33
	浅位壤淤土	384.09
	壤质洪积褐土	448.88
	壤质洪积石灰性褐土	69.6
小河镇	砂壤土	331.41
	砂质潮土	17.62
	脱潮底黏两合土	44.71
	淤土	2 593.22
	黏质潮褐土	520.25
	中层洪积褐土性土	1.15
小河镇 汇总		6 956.17
	底砂小两合土	166.04
	底黏小两合土	3 338.84
	浅位壤淤土	256.95
	壤质潮褐土	15.3
	砂壤土	1 231.3
	脱潮底砂两合土	17.38
	脱潮底砂小两合土	47.17
新镇镇	脱潮底黏小两合土	161.04
	脱潮两合土	242.78
	脱潮浅位厚砂小两合土	104.41
	脱潮浅位黏两合土	82.01
	脱潮小两合土	482.18
	小两合土	52.61
	淤土	1 795.49
	黏质潮褐土	249.68
	中层洪积褐土性土	28.38
新镇镇 汇总		8 271.55
总计		114 751.29

第三节　耕地土壤

一、土壤形态特征

（一）褐土土类

褐土是鹤壁市地带性土壤，分布在鹤壁市岗西平原及火垄岗地区。

褐土是在黄土状的风积、洪积、坡积物的母质上，在自然因素和人为因素的综合作用下，特别是人类长期耕作熟化的条件下形成的，发育明显而肥力较高的一种土壤。其褐土的剖面有 3 个特点。

第一，有深厚的熟化层，能够改良土壤结构，提供作物生长需要的有机质等养分，具有作物高产的土壤条件。

第二，土体中部具有褐色的黏化层，黏化层能保水保肥，提供作物生长需要的水分。

第三，土体中有碳酸钙新生体的淀积，这类土壤中的某些土种土体中出现了砂姜，而砂姜的存在就意味着土壤肥力的下降，砂姜愈近地表，含量越多，则土壤肥力愈低。

鹤壁市的褐土主要有潮褐土、典型褐土、石灰性褐土、褐土性土 4 个亚类。

1. 潮褐土亚类：潮褐土亚类分布在火垄岗（岗丘）与平原的交接洼地以及由潮褐土向黄潮土的过渡地带。该亚类土壤地下水位较浅，一般在 2～5m，土体中有锈纹、锈斑或铁锰结核出现，这是区别于典型褐土亚类的一个特点，有的有钙淀积，石灰反应较弱，中性至微碱性。该亚类包括一个土属，即泥砂质潮褐土土属。

成土母质为洪积、冲积、坡积母质，地下水位 3～5m，土壤质地中壤土或重壤土以上，土层深厚，通体质地均匀。土体较疏松，耕性良好，适种作物较广，肥力水平中等。

该土属通气透水，块状结构，保水保肥，耕性好，易耕期长，土壤养分含量高，发小苗、拔籽，适种作物广，水利条件较好。是鹤壁市粮食高产区。

2. 典型褐土亚类：典型褐土亚类分布在淇河阶地和洪积冲积平原，海拔 60～80m，主要分布在淇县、浚，由于分布地势较高，地下水位在 3m 以下。土壤具有有机质层，黏化层和假菌丝发育较弱，底土因受地下水影响，有锈斑锈纹、砂姜，通体有石灰反应。本亚类只有 1 个典型褐土土属。

成土母质为洪积、冲积母质，地下水位 3～5m，土壤质地有轻壤、中壤或黏质土壤，土层深厚，通体质地均匀。该土属土层深厚，耕性号，通气透水，灌溉条件号，是鹤壁市比较好的土壤。

3. 石灰性褐土亚类：石灰性褐土亚类是鹤壁市褐土土类中的一个典型土壤，成土母质为黄土状母质，具有明显的发育层次和黏化层，棱柱状结构，剖面中有假菌丝或有碳酸钙淀积而形成砂姜新生体，上下层石灰反应强，中层较弱。该亚类包括一个土属，即泥砂质石灰性褐土。

在生产性能上，土体中具有砂姜层，土层较薄，砂姜层影响作物根系下扎，漏水漏肥，土壤肥力较低，一般水利条件差，常受干旱威胁。

4. 褐土性土亚类：它是褐土中发育最差的一个土壤类型，是由基性岩石风化物经过搬运或残留在原地形成的一种土层薄、没有发育层次的土壤，土壤中含石砾较多。褐土性土亚类包括一个土属，即泥砂质褐土性土。

这类土壤土层较薄，土壤肥力较低，土壤质地不一，多分布于山丘的下部，地下水位深，一般在 30~50m，农作物产量低。

（二）潮土土类

潮土是鹤壁市分布最广、面积最大的耕作土壤。全市 9 个乡镇均有分布，多集中分布在市中部和东部各乡镇。

潮土主要发育在河流冲积物上，经过各种自然和人为因素的作用而形成的土壤。由于成土条件的差异，有些地区又附加了褐土化过程，而另外一些地区则附加了盐化过程和碱化过程。

由于受季风气候干湿交替的影响，湿润的夏秋季节，土体中受地下水位浸渍的部分为水所饱和发生潜育化现象，铁、锰等变价元素被还原，出现蓝灰色斑纹，干旱的冬春季节地下水位下降，土体大部分处于氧化还原状态，低价铁、锰等变成高价状态，而出现红棕色铁锈斑纹，这样年复一年的交替变化，在土壤结构面上或土壤孔隙中便产生了蓝灰色和红棕色的铁锈斑纹，这是潮土剖面形态的重要特征。在潮土区的较高地形部位，地下水位较深，土壤通气性能较强，在土体中上部温度和湿度比较稳定，钙、镁等两价元素被分解随水下渗，在土壤孔隙中或结构面上集结成粉末状或假菌丝的物质——假菌丝新生体，这是褐土化潮土剖面的主要特征。在河洼地和缓斜平地的某些地方，含有易溶盐分的地下水沿毛管上升到地表，水分蒸发后盐分聚集在地表，结成盐霜，即为盐化潮土。盐化潮土中的硫酸盐和氯化物被淋洗，使碳酸氢钠和碳酸钠在盐分中的比例增大，当土壤中的代换性钠离子占土壤胶体代换性阳离子总量的 15% 以上时，就成为碱化潮土。潮土在人为因素的作用下，使土壤的物理和化学性质有明显差别。其特征特性可以概括如下 4 点。

第一，质地变化较大，质地排列层次明显。

第二，土壤表层颜色较浅，多为浅黄色和灰黄色，而底土层由于地下水位高，长期的氧化还原作用形成了许多蓝灰色和红棕色的铁锈斑纹。

第三，土壤富含钙质，石灰反应强，土壤呈微碱至碱性，pH 值在 7.5 以上。

第四，有机质和氮、磷含量较低，而钾、钙、镁等无机盐含量较丰富。

鹤壁市潮土有 7 个亚类：典型潮土、褐土化潮土、黄潮土、脱潮土、湿潮土、盐化潮土、碱化潮土。

1. 典型潮土亚类：黄潮土亚类是鹤壁市的主要土壤。根据成土母质淀积规律，可分为石灰性潮砂土、石灰性潮壤土、石灰性潮黏土 3 个土属。

（1）石灰性潮砂土土属：多分布在河流泛道及两侧的河漫滩上，以善堂镇面积最大，其次王庄、城关乡也有一部分。

成土母质是河流冲积沉积而成，质地粗，通透性能好，易耕作，宜耕期长，但土壤养分含量低，漏水漏肥，既怕旱又怕涝，发小苗不发老苗，作物后期往往呈现脱肥现象，是鹤壁市的低产土壤。在生产性能上，砂土不如砂壤土，均质的不如具有黏（壤）间层的。

（2）石灰性潮壤土土属：分布较广泛，以小河、城关、王庄、新镇等乡镇面积较大。

两合土土种主要发育在漫流冲积物上。土表层质地质砂黏比例适中，疏松易耕，保水保肥性能强，耐寒耐涝，养分含量比较高，适种各种作物，是鹤壁市主要土壤类型，由于面积较大，适种作物广泛，为鹤壁市发展农业生产提供了有利条件。在生产性能上，两合土比小两合土好，均质的比具有砂层的好，而具有黏层的又比均质的为好。

（3）石灰性潮黏土土属：淤土土种主要分布在鹤壁市的坡洼地的中心地区，以城关、新镇、小河三乡镇分布面积较大，其他乡镇均有分布。

淤土土种发育在静水冲积母质上。土壤黏粒较多，结构紧密，通气透水性能不良，不易耕作，易耕期短。群众常说："淤土地，难耕种，头天湿，隔天硬，过了三天犁不动。"干时形成大坷垃，播种不易捉苗。但土壤养分含量较高，有机质一般均在 18％ 以上，作物生长后劲大，拔籽。在生产性能上，有砂层的不如均质的和有壤土层的。

2. 脱潮土亚类：脱潮土在鹤壁市分布比较广泛，除白寺乡外，其他各乡均有，以善堂、卫贤、新镇三乡面积较大。鹤壁市脱潮土亚类包括脱砂土、脱潮壤土、脱潮黏土 3 个土属。

（1）脱潮砂土土属：生产性能和典型潮土中的石灰性潮砂土近似，但是脱潮砂土耕作历史较长，受人为影响较大，养分含量较高，活土层深厚，熟化程度较高，作物产量也较高。由于地势较高，地下水位较深，土壤上层易干旱。根据剖面构型又可分为均质的和具有壤（黏）层的砂质脱潮砂土、砂壤质砂质脱潮土。砂壤质砂质脱潮土好于砂质脱潮土，具有壤（黏）层的砂质脱潮土好于均质的砂质脱潮土。

（2）脱潮壤土土属：褐土化两合土土属分布较广泛，除白寺乡外，其他各乡均有分布，以新镇镇、卫贤镇、王庄乡面积较大。

此土质主要发育在漫流冲积物上，在生产性能上与典型潮土中的潮壤土土属近似，但该土属分布的地形部位较高，地下水位较深，一般 4～6m，土壤比较干旱缺水，需要发展灌溉事业加以调节。按耕层质地和土体构型又可分为脱潮小两合土、脱潮两合土，具有砂（黏）层的脱潮小两合土及具有砂（黏）层的脱潮两合土。在生产性能上，脱潮两合土比脱潮小两合土好，均质的比具有砂层的好，而具有黏层的又比均质的好。

（3）脱潮黏土土属：全市均有零星分布，在生产性能上与典型潮土中的潮黏土近似。

3. 主要分布在浚县、淇县低洼地，地下水位在 1～1.5m，由于所处地势低洼，高出流水大量汇集，内外排水均较困难，加上地下水流坡降小，流速慢，因而形成雨季积水现象，而逐步发育成是湿潮土。生长湿生植物如芦苇、眼子草、瓜皮草等。其剖面特征腐殖质层的有机质含量较高，颜色棕灰色，心土层锈斑锈纹较多，底土层长期处于还原条件下，蓝灰色潜育现象明显。

根据母质类型，湿潮土亚类分冲积湿潮土和洪积湿潮土 2 个土属。

（1）冲积湿潮土土属：主要分布在浚县善堂乡的临河、朱村坡洼地，地下水位 1m 左右，母质为黄河冲积物。冲积湿潮土土属按表层质地分壤质冲积湿潮土、黏质冲积湿潮土 2 个土种。壤质冲积湿潮土土质较黏，黏质冲积湿潮土耕性差，干时龟裂板结。

（2）洪积湿潮土土属：分布在洪积扇缘低洼地，地下水位 1.2m 左右，包括淇县的高村、桥盟、西岗和北阳 4 个乡镇。母质为洪积冲积物。洪积湿潮土土属只有 1 个土种，即黏质洪积湿潮土，其质地黏重，耕性极差。

4. 盐化潮土亚类：盐化潮土亚类是 0～20cm 土层中，盐分含量大于 0.2％ 的潮土，造成作物缺苗 3 成以上，称为盐化潮土。全市盐化潮土面积不大，分布在王庄乡低洼地区的二坡地上。

盐化潮土在生产性能上，由于土壤中有大量易溶盐积累，严重地影响着作物出苗和生长发育。由于地势低洼，地下水位浅，土壤通气不良、湿冷，土壤微生物活动不旺盛，有机质含量低，作物营养贫乏，土壤结构不良，作物难获高产。

盐化潮土亚类只有一个盐化潮土土属，该土属只有一个氯化物轻盐化潮土土种。

5. 碱化潮土亚类：鹤壁市碱化潮土亚类分布在黄河故道的善堂镇低洼地区。

碱化潮土亚类只有一个土属，该土属只有一个土种，即苏打强碱化潮土。其土壤盐分组成以重碳酸钠为主，并含有一定量的碳酸钠，土壤胶体中代换性钠离子占阳离子代换量的15%以上。所以在生产性能上，由于土壤碱性强，结构不好，通透不良，作物难以在这种土壤环境中生长。

（三）风砂土土类

鹤壁市东部是古黄河多次改道的地方，其主流沉淀颗粒较粗的砂粒，沉淀、固定形成风砂土。主要分布在善堂镇的东北部和南部，城关乡的东部也有一部分。

鹤壁市风砂土成土年龄短，土壤发育十分微弱，处于成土的最初阶段，不受地下水的影响。根据土壤受风蚀强度、发育状况和砂粒的粗细，风砂土土类只有一个草甸风砂土亚类，一个草甸固定风砂土土属。

风砂土成土母质为风积物，质地较粗，均为细砂，矿质成分以石英为主，有机质和矿质养分贫乏。质地粗，结构差，水肥气热极不协调。漏水漏肥，随砂丘固定性增强，土壤发育程度增高，肥力状况也有所改善。

风砂土在生产性上，质地粗，1m土体内通体细砂，物理砂粒含量在90%以上，结构差，有机质、全氮、全磷的含量和代换量都很低，保水保肥能力弱，水肥气热诸因素不能协调，加上所处地势较高，地下水位深，土壤干旱，作物很难生长。

目前，随着生产力的提高，生产条件的改善及农田基础设施建设，农田灌溉保障率大幅度提高，多种植果树、花生等作物，肥力水平有了较大提高，生产性状明显改善。

（四）石质土

鹤壁市石质土分布在白寺乡，面积0.2hm²。

鹤壁市石质土土类只有一个钙质石质土亚类，一个灰泥质钙质石质土土属。

（五）新积土

新积土土类分布在洪积山前上部的沟河及淇河滩地，面积243.41hm²，占全市土壤0.21%。包括淇县境内北阳镇沟河滩，鹤壁郊区淇河滩。

新积土是河流新近流水沉积物，遇洪水较大时还会受到高水位淹没，没有或少有植物生长，其剖面特征为，表层没有明显的腐殖质层，剖面没有发生层，只显沉积层。新积土只有1个新积土亚类。

二、土壤的物理性状

（一）土壤质地

土壤质地是指土壤中各种粒级的比例组合。主要决定于成土母质及发育程度，是影响土壤肥力的一个重要因素。据测定鹤壁市土壤质地较好，土壤耕层质地多部分属于中壤和轻壤，易耕作适耕期长，为农业高产奠定了良好的基础（详见表2-4）。但还有部分质地黏重的土壤，适耕期短，耕性不良，通透性差，应当注意适墒耕作，提高整地质量。还有部分含砂粒较多的土壤，漏水漏肥，应注意多施有机肥，培肥地力，熟化土壤。

表 2 - 4　鹤壁市土壤质地类型及面积

质地	面积（hm²）	占总土壤面积（%）	物理砂粒（粒径≥0.01mm）	物理黏粒（粒径<0.01mm）
紧砂土	3 073.53	2.68	95%～90%	5%～10%
砂壤土	13 275.34	11.57	90%～80%	10%～20%
轻壤土	17 212.98	15.00	80%～70%	20%～30%
中壤土	62 175.36	54.18	70%～55%	30%～45%
重壤土	16 816.53	14.65	<55%	>45%
轻黏土	2 197.54	1.92		
总计	114 751.29	100		

从表中可以看出，鹤壁市土壤质地良好，轻壤土、中壤土、重壤土占全市耕地面积的83.83%，其中中壤土占54.18%，是鹤壁市粮食高产宝贵的土壤耕地资源。

（二）土壤质地构型

土壤质地构型是指整个土体各个层次的排列组合关系。它对土壤中的水、肥、气、热等肥力因素有制约和调节作用，因此，良好的土体构型是耕作土壤肥力的基础。鹤壁市土壤一共分为20个类型（详见表2-5）。

表 2 - 5　土壤质地构型类型

夹壤砂壤	夹壤重壤	夹黏中壤	均质轻壤
均质砂土	均质中壤	均质重壤	壤底轻壤
壤底砂壤	壤底重壤	壤身砂土	砂底轻壤
砂底中壤	砂身轻壤	黏底轻壤	黏底砂壤
黏底中壤	黏身轻壤	黏身中壤	

具体到这19个类型中，又大体可分为如下4种土体构型。

1. 上松下紧型

这种土体构型包括黏底轻壤、黏底砂壤、黏底中壤3种类型，较为理想，上层质地较轻，疏松多孔，物质转化快，水、肥、气、热比较协调，有利于发小苗；而心土层和底土层质地较重，保水保肥，作物生长后期水肥供应充分，发老苗。

2. 上紧下松型

这种土体构型包括砂底轻壤、砂底中壤、壤底重壤。表层质地较重，通透性不良，适耕期短，不易耕作，漏水漏肥。

3. 夹层型

这种土体构型夹黏中壤、夹壤黏土、夹壤砂壤、黏身轻壤、黏身中壤、壤底砂壤、砂身轻壤、砂身中壤、壤身砂土等9种，这类土壤生产性能不一，要根据不同的土壤类型采取相应的生产措施。

4. 通体型

这类土壤质地均一，包括均质轻壤、均质砂壤、均质砂土、均质中壤、均质重壤。通体砂壤、砂土，土温变化大，保水保肥性能差，应多施有机肥料，逐步改良其理化性能。通体轻壤质的土壤质地适中，供肥性能良好，蓄水、保肥性能中等，土温稳定，水、肥、气、热诸因素之间的关系协调，可以深耕加厚耕作层，提高土壤熟化程度，充分发挥土壤优势，挖掘其增产潜力。通体黏质型的土壤质地为重壤或黏土，其通体性能差，保水保肥性能强，土壤温度变化小而性寒，应采取深耕，增施有机肥，改良土壤结构，改良土壤耕性，提高耕作质量等措施。

3. 土壤容重

土壤容重是土壤结构未被破坏的自然状态下单位容重中的干土重量。它是土壤结构、孔隙度和松紧度的综合反映，一般认为耕层容重以 $1.3g/cm^3$ 左右较为理想，心土层和底土层可稍高一些。据测定，鹤壁市土壤耕层容重为 $1.36g/cm^3$，幅度 $1.12 \sim 1.55g/cm^3$，心土层平均为 $1.42g/cm^3$，幅度 $1.40 \sim 1.51g/cm^3$。上述结果说明鹤壁市土壤结构较好，孔隙度、松紧度适中，上层容重较小，能比较好地协调水、肥、气、热等诸因素的矛盾，而且容易耕作，心土层容重较大，有较强的保肥能力，对作物中后期生长发育具有重要的作用。

三、土壤障碍因素分析

鹤壁市耕地土壤有褐土、潮土、风砂土、新积土和石质土 5 个大类，各类土壤耕层几乎不存在障碍因素，农业生产的土壤障碍因素均为无障碍因素，对农业生产不构成影响。

第四节　耕地改良利用与生产现状

土壤的合理利用与改良必须针对土壤存在的问题，抓住主要矛盾，采取综合措施，着眼于协调肥力诸因素和建立良好的土壤生态系统，从而不断提高耕地质量以充分发挥其生产潜力。

一、土地利用生产现状

全市总土壤面积 211 594.5hm²。其中林地 3 316.5hm²，占全市总面积的 1.57%；水域 6 895.7hm²，占全市总面积的 3.25%；荒地 36 228.7hm²，占全市总土壤面积的 17.1%；城镇、村庄、工矿、交通等占地 16 799.3hm²，占全市总土地面积的 7.94%；耕地 114 751.29 hm²，占全市总土地面积的 54.23%。

土地利用现状：低山丘陵区以小麦、杂粮为主，西部洪积冲积平原区以小麦、棉花、玉米为主；卫河流域冲积平原区为一水一麦区；东部黄河故道区以小麦、花生、红薯为主。

农作物以粮食为主，播种面积为 165 140hm²，作物有小麦、玉米、花生、大豆、红薯、杂粮等。其中小麦、玉米是主要的粮食作物，小麦常年种植面积为 87 000hm²，占粮食作物面积的 52.7%，玉米常年种植面积 72 940hm²，占粮食作物面积的 44.2%，花生、大豆、油菜、棉花等经济作物常年种植面积约在 15 750hm²（表 2 - 6）。

耕作制度：鹤壁市大田作物种植一般实行夏、秋两熟制，即：一年两熟制的轮作模式。其中以"小麦—玉米"为主，其次有"小麦—花生""小麦—大豆""小麦—棉花"等种植方式。一年两熟制能够充分利用生长季节，保证麦秋两不误，达到均衡生产，两熟制面积占

表2-6 鹤壁市各乡镇质地构型面积分布

单位：公顷

质地构型	白寺乡	北阳镇	朝歌镇	城关镇	高村镇	合并区	黎阳镇	农场	桥盟乡	善堂镇	屯子镇	王庄乡	卫贤镇	西岗镇	小河镇	新镇镇	总计
夹壤砂壤										116.1		4.7					120.83
夹壤重壤	32.33						204.8	57.16		408.4	224.1	540.72	23.72		384.09	256.95	2 132.17
夹黏中壤																82.01	82.01
均质轻壤				272.4		630.4	2 254	1.01		1 606	111.7	1 787.1	1 122.5	698.56		534.8	9 018.77
均质砂土							362.1			2 414		101.6			17.62		2 895.64
均质中壤	780.4		772.5		576.4	697.1			248.6	89.52	53.16			2 353.9		242.78	5 814.3
均质重壤	1 683.5	669.9	18.24	107.6			1 057	800.6		79.42	411.5	289.07	359.76	1 035.3	2 593.2	1 795.5	10 900.5
壤底轻壤												139.68					139.68
壤底砂壤				30.97			18.49			137							186.44
壤底重壤							111.7	12.26		6.7					20.67		151.35
壤身砂土				29.34			28.4			17.09							74.84
砂底轻壤							4.01			387.4			73.18	213.21			677.81
砂底中壤	64.33			45.65			32.26						29.3		227.76	17.38	416.68
砂身轻壤																104.41	104.41
黏底轻壤	44.11			85.87			1 377	6.3		697.5	1 191	4 057.8	1 683.6		2 186.7	3 499.9	14 829.7
黏底砂壤				70.72			717.4			2 134	26.83	190.91	114.69		331.41	1 231.3	4 817.58
黏底中壤										124.4					102.51		226.87
黏身轻壤							113	3.52		37.89	14.04						168.43
黏身中壤							148.3					217.93			52.33		418.6
总计	1 824.2	1 450	790.7	642.5	576.4	1 328	6 429	880.8	248.6	8 256	2 032	7 329.4	3 406.7	4 087.8	5 916.3	7 978.2	53 176.6

全市耕地面积的94.6%，全市耕地复种指数达到190%。

施肥情况：随着农业生产力和作物产量的提高，目前农业施肥以化肥为主，化肥用量近年来增加很快，尤其是20世纪90年代以后。化肥投入情况：每亩平均施氮肥42.02kg，施磷肥25.61kg，施钾肥0.32kg。耕地补充有机肥主要以秸秆还田为主，占有机肥施用量的90%，农家肥中的厩肥、人粪尿、堆肥和土杂肥、绿肥施用较少。农家肥习惯在种麦时一次性施用（做底肥）。施肥水平：西部、北部亩施农家肥2~3方；其他地区2方。

二、主要改良模式及效果

（一）搞好农业综合开发、改良中低产田

1988年，鹤壁市被国家确定为黄淮海平原农业综合开发市，按照"因地制宜、科学规划、分区治理"原则，实施农业综合开发，到2000年，完善农田林网52 160hm²，改造中低产田47 768.3hm²，治理砂荒2 100hm²，发展水土保持林872.17hm²、经济林1 100hm²。累计新增灌溉面积23 900hm²，改善灌溉面积9 300hm²，除涝面积4 200hm²。基本形成"田成方，林成网，渠相连，路相通，旱能浇，涝能排"农业生产新格局，改善了生产条件和生态环境，提高了抗御自然灾害能力。同时，健全和完善了农技推广体系，推广普及了秸秆还田、化学除草、配方施肥、病虫防治、节水灌溉等先进实用的农业生产新技术，科技贡献率达20%~40%。

（二）搞好粮食高产开发、争取优质高效

1989年，实施2万hm²玉米高产技术开发。以推广先进技术为手段，以提高单产、增加总产为目的，突出抓好推广优良杂交品种、适时播种、合理密植、科学施肥、玉米地麦秸麦糠覆盖及病虫防治等6项玉米栽培新技术。整地标准"早、深、净、细、实、平"。重施底肥，增施磷肥，亩均增施粗肥4~5m³。采用小麦拌种剂拌种。

（三）搞好种植结构调整，提高经济效益

1989—2011年，淇县实施万亩小麦、万亩玉米高产技术开发。以推广先进技术为手段，以提高单产、增加总产为目的，突出抓好推广优良杂交品种、适时播种、合理密植、科学施肥、玉米地麦秸麦糠覆盖及病虫防治等6项玉米栽培新技术。整地标准"早、深、净、细、实、平"。重施底肥，增施磷肥，亩均增施粗肥4~5m³。采用小麦拌种剂拌种。据调查，亩增产小麦36.8kg，亩增产玉米56.2kg。

（四）采用农业综合措施，提高耕地质量

（1）广开肥源，增施有机肥，提高土壤有机质含量，大力推广秸秆还田

近年来，鹤壁市大力推广农村沼气建设，推进饲料—家畜—粪便—沼气—肥料（还田）循环系统，向秸秆—牲畜—粪便—沼气—肥料（还田）—秸秆循环系统转变，即促进了秸秆的合理利用，提高了肥料质量，提高了农村生态环境质量，也促进了畜牧业的发展。

（2）合理发展养殖业，加强家畜粪尿的收集管理，提高有机肥的质量和数量。

（3）制定秸秆还田技术规程，大力推广秸秆直接还田

近年来，小麦留高茬、麦秸麦糠覆盖、玉米秸秆粉碎的直接还田面积，秸秆还田率80%以上，每年都在80 000hm²以上。

通过采取上述措施，土壤有机质含量1982年为10.5g/kg，2009年为16.78g/kg，增加5.28g/kg，增幅为50.3%；年递增为0.23g/kg，年增幅为2.2%，为农作物持续稳产、高产

奠定了坚实基础。

（五）运用土壤普查成果，合理施肥

鹤壁市耕地土壤有褐土、潮土、风砂土、黄黏土、红黏土、新积土和石质土7个大类。砂质土壤土粒粗，通透性好，养分转化快，但保肥力弱，养分容易流失。对这类土壤施用化肥一次用量不宜过大，要"少吃多餐"，施用有机肥，要适当加深，以获得足够的水分，使有机物的矿质化和腐殖化作用协调进行；淤土地，土粒细，胶体数量多，保水肥力强，但通透性差，养分转化慢。此类土壤化肥施用量可以加大，有机肥的施用要与深耕相结合，既能增加土壤养分，又能改善土壤性质。

鹤壁市土壤为石灰性土壤，土壤反应偏碱，所以从整体看来，施肥应当以酸性肥料为主。盐碱化潮土，应以有机肥为主，配合中性或生理酸性化肥，黄潮土和褐土化潮土，熟化度较高，理化性状好，肥料施用上应采取有机肥和化肥配合。

根据土壤普查成果，针对氮磷钾营养缺乏的实际，在因土、因作物施肥的基础上，大力推广氮磷钾配合施用技术。随着生产水平的提高，氮磷钾平衡施肥更显得重要。

第五节　耕地保养管理的简要回顾

鹤壁市于1959年进行了第一次土壤普查，初步查明了鹤壁市的主要土壤类型，采取了平整土地、兴修水利、用养结合等措施，对耕地地力的提高起到了一定的推动作用；1984年至1986年进行了第二次土壤普查，建立了鹤壁市土壤分类系统，查清了鹤壁市土壤类型，详细地评述了各种土壤类型的形成与演变、分布及理化性状、土壤肥力和生产性能。对土地利用现状进行了排查。在此基础上进行了土壤资源评价，制定了土壤改良利用方向，提出了改土培肥技术措施，推动了磷肥的广泛施用。为科学指导施肥提供了依据。通过应用土壤普查和耕层养分调查成果，先后推行了初级配方施肥、优化配方施肥和测土配方施肥技术，提高了肥料利用率和施肥效益，有效地促进了农作物产量的大幅度提高。

鹤壁市于1987年成立鹤壁市土地管理办公室。1990年3月至1992年5月，开展土地利用现状调查，全面准确地摸清了境内土地资源及利用状况。于1995年撤销鹤壁市土地管理办公室，成立鹤壁市土地管理局。1996年10月，完成基本农田保护区划工作。全市保护面积57 113.67hm^2，保护率占总耕地的84.4%。1999年颁布实施了《基本农田保护条例》，耕地的保养管理纳入了法制化轨道。

第三章　耕地土壤养分

　　土壤养分是决定土壤肥力，反映其农业生产性能及潜在生产能力的重要标志，也是合理利用耕地资源、制定土壤改良利用方向及措施的重要依据。鹤壁市于2006—2011年对耕层土壤中有机质、大量元素、中微量元素进行了调查、化验和统计分析，全面掌握了全市耕地养分现状和各个营养元素在不同土壤类型、不同区域的含量状况及变化趋势，为耕地地力评价提供了科学依据。

第一节　全市土壤养分含量现状

一、目前全市耕层土壤养分含量现状

　　为了便于分析，现以2006—2011年取的13 700多个土样化验数据为依据，对鹤壁市耕地和园地进行耕地地力评价，共划分2 187个评价单元。通过调查分析，对在小麦—玉米（花生）种植制度下，土壤中各种养分含量、不同质地、不同土壤类型、不同区域养分含量等进行汇总分析（详见表3-1）。

表3-1　鹤壁市土壤养分含量

项目	最大值	最小值	平均值	标准差	变异系数
pH 值	8.5	7.5	7.99	0.113 00	0.014 109
全氮（g/kg）	1.802	0.599	1.02	0.144 47	0.141 677
速效钾（mg/kg）	337	36	129.80	39.964 57	0.307 897
有效磷（mg/kg）	61	5.1	14.90	5.458 74	0.366 455
有机质（g/kg）	26.2	4	16.88	2.640 89	0.156 407
缓效钾（mg/kg）	1 182	271	697.88	125.705 08	0.180 125
有效铁（mg/kg）	24.41	2.46	7.82	3.367 66	0.430 887
有效锰（mg/kg）	33.53	4.00	15.71	3.896 11	0.247 943
有效铜（mg/kg）	13.63	0.39	1.32	0.546 77	0.413 491
有效锌（mg/kg）	7.41	0.31	1.48	0.688 96	0.465 116

　　从表3-1可以看出，鹤壁市土壤有机质含量最高为26.0g/kg，最低为4.3g/kg，平均含量为15.4g/kg；大量营养元素土壤全氮、有效磷和速效钾含量范围分别为0.61~2.41g/kg、5.5~42.7mg/kg和34~274mg/kg，平均含量全氮1.19g/kg，有效磷15.1mg/kg，速效钾107mg/kg；微量元素有效铜平均含量0.94mg/kg、有效锰平均含量为15mg/kg、有效锌

平均含量为1.33mg/kg、有效铁平均含量为5.49mg/kg；土壤pH值介于7.5~8.6之间，平均为8.1。

二、目前不同乡镇土壤养分含量现状

表3-2 鹤壁市不同乡镇土壤养分含量

乡镇名称	pH值	全氮（g/kg）	速效钾（mg/kg）	有效磷（mg/kg）	有机质（g/kg）	缓效钾（mg/kg）	有效铁（mg/kg）	有效锰（mg/kg）	有效铜（mg/kg）	有效锌（mg/kg）
白寺乡	8.09	1.12	116.98	11.60	16.55	657.58	4.08	15.93	0.77	0.94
北阳镇	7.95	0.93	89.22	13.55	15.01	663.89	10.47	19.53	1.04	1.35
朝歌镇	7.94	0.96	123.86	12.90	15.48	806.38	12.14	22.73	1.60	1.73
城关镇	8.16	1.46	126.75	16.39	17.36	800.67	7.55	13.05	1.17	1.84
高村镇	8.00	1.01	130.04	17.65	17.03	749.83	12.49	19.29	1.71	1.79
合并区	7.97	0.96	163.82	15.87	19.71	673.32	6.01	13.21	1.76	1.18
黄洞乡	7.89	0.94	131.47	13.49	15.25	643.92	11.40	16.11	1.22	2.48
黎阳镇	8.09	1.37	107.01	16.08	15.69	756.58	5.42	10.52	0.99	1.54
庙口镇	8.00	1.00	124.39	14.73	16.34	771.62	8.56	17.08	1.17	1.63
农 场	8.07	1.34	137.43	12.51	16.72	844.38	5.08	12.79	1.22	1.41
桥盟乡	7.92	0.97	119.65	16.20	15.47	759.14	10.52	17.95	1.35	1.58
善堂镇	8.21	1.10	76.63	22.00	11.20	679.52	6.13	12.34	0.95	1.50
屯子镇	8.09	1.12	101.15	10.84	16.71	634.85	4.27	14.70	0.86	1.06
王庄乡	8.16	1.15	89.42	20.12	13.35	751.44	5.02	15.75	0.92	1.53
卫贤镇	8.05	1.18	111.63	12.79	16.76	680.67	6.19	20.01	0.98	1.43
西岗镇	7.92	1.04	115.75	15.48	16.77	683.02	13.16	21.51	1.65	1.60
小河镇	8.08	1.26	138.22	14.62	16.81	926.48	6.66	15.20	1.22	1.48
新镇镇	8.00	1.09	137.56	13.46	16.48	689.47	8.07	17.32	1.07	1.39
总 计	7.99	1.02	129.80	14.90	16.88	697.88	7.82	15.71	1.32	1.48

鹤壁市共有9个乡镇，乡镇之间土壤养分含量存在较大差异。从表3-2可以看出，全氮含量乡镇差别不大，而有效磷、速效钾含量乡镇之间差别很大；尤其速效钾各乡镇土壤含量差别更是明显，小河镇土壤速效钾含量最高，达144mg/kg，而善堂镇土壤速效钾含量最低，只有75mg/kg。土壤缓效钾含量比较丰富和稳定，一般来说土壤速效钾含量高的缓效钾含量相应也高，但没有显著的相关关系；土壤中有效铜、有效锌、有效铁、有效锰的含量，各乡镇差别不大，相对含量普遍较高，这可能与成土母质有关；目前全市土壤pH值都在7.6~8.6，适于各种常规作物种植。

三、目前不同类型土壤土壤养分含量

鹤壁市土壤有褐土、潮土、风砂土、石质土、红黏土、黄黏土、新积土7个土类，其中褐土有潮褐土、典型褐土、石灰性褐土、褐土性土、碳酸盐褐土5个亚类，潮土有典型潮土、褐土化潮土、黄潮土、脱潮土、湿潮土、盐化潮土、碱化潮土7个亚类；冲击性风砂土亚类、钙质石质土亚类和冲积土亚类。共计15个亚类，32个土属，106个土种，不同类型的土壤，土壤养分含量有着很大的区别，应根据不同土壤类型中土壤养分含量，提出相应的改良措施（表3-3）。

表 3-3　不同土壤类型土壤养分含量

省土类名	省亚类名	省土属名	有机质	全氮	有效磷	缓效钾	速效钾	pH值	有效锌	有效铜	有效铁	有效锰
潮土	典型潮土	洪积潮土	16.9	1.29	13.4	842	139	8.04	1.33	1.14	6.03	15.47
		石灰性潮壤土	15.6	1.22	16	776	117	8.1	1.52	1.06	6.24	15.25
		石灰性潮砂土	11.3	1.07	22	637	74	8.22	1.45	0.93	5.91	11.96
		石灰性潮黏土	16.9	1.29	13.4	842	139	8.04	1.33	1.14	6.03	15.47
	碱化潮土	碱潮壤土	11.3	1.2	18.4	828	106	8.17	1.12	0.66	6.45	11.51
	湿潮土	湿潮壤土	7.4	0.99	16.5	773	101	8.27	1.63	1.58	8.15	13.65
		湿潮黏土	11.6	1.3	20.4	795	130	8.16	1.04	0.81	7.19	11.31
	脱潮土	脱潮壤土	14.4	1.21	17.3	723	96	8.11	1.49	0.95	5.67	14.3
		脱潮砂土	9.9	1.01	22	625	69	8.23	1.46	0.71	5.76	12.48
		脱潮黏土	14.6	1.49	15.9	639	90	8.01	1.49	0.97	4.75	9.65
	盐化潮土	氯化物潮土	15.4	1.69	20	772	63	8.11	1.14	0.9	5	18.58
风沙土	草甸风沙土	草甸固定风沙土	10.4	1.01	25.4	609	66	8.25	1.5	0.95	6.42	12.44
褐土	潮褐土	泥砂质潮褐土	16.47	1.02	15.84	758.82	118.94	7.94	1.7	1.89	13.38	22.61
	典型褐土	泥砂质褐土	17.14	1.05	17.37	725.87	118.33	7.96	1.86	1.75	13.6	21.17
	褐土性土	堆垫褐土性土	15.25	0.95	14.19	630.14	75.94	7.96	1.58	1.22	10.26	19.36
		泥砂质褐土性土	16.42	1.02	13.92	696.8	96.98	7.93	1.38	1.53	11.79	19.37
	石灰性褐土	泥砂质石灰性褐土	15.38	0.95	15.53	684.88	116.82	7.94	2.04	1.5	11.4	18.26
红黏土	典型红黏土	典型红黏土	16.35	1	15.67	746.11	120.84	7.97	1.67	1.46	10.52	19.24
黄褐土	黄褐土性土	黄土质黄褐土性土	15.43	0.96	14.79	702.74	124.17	7.94	2.03	1.21	10.55	16.68
石质土	钙质石质土	灰泥质钙质石质土	15.25	0.95	14.19	630.14	75.94	7.96	1.58	1.22	10.26	19.36
新积土	冲积土	石灰性冲积壤土	15.38	0.95	15.53	684.88	116.82	7.94	2.04	1.5	11.4	18.26

从表中可看出，不同土壤类型土壤各养分含量都有很大的差别，在生产中要分别针对不同的土壤类型，做出相应的调整。

第二节　有机质

土壤有机质是衡量土壤肥力高低的重要标志之一，是土壤的重要组成部分，与土壤的发生、演变、土壤肥力水平和土壤的其他属性有密切的关系，土壤有机质含有作物生长所需的多种营养元素，是土壤养分的主要来源，分解后可直接为作物生长提供营养元素。有机质具有改善土壤理化性状，影响和制约土壤结构形成及通气性、渗透性、缓冲性、交换性能和保水保肥性能，腐殖质具有生理活性，能促进作物生长发育，同时具有络合作用，有助于消除土壤的污染，是评价耕地地力的重要指标。对耕作土壤来说，培肥的中心环节是增施各种有机肥，实行秸秆还田，保持和提高土壤有机质含量。

一、耕层土壤有机质含量现状

鹤壁市土壤有机质平均含量为 15.4g/kg，标准差 3.02g/kg。从含量分布图看（图 3 - 1），全市有机质含量绝大部分在 10.1 ~ 20.0g/kg，含量超过 20.0g/kg 的面积不大，集中在新镇镇、小河镇和卫贤乡 3 个乡镇，含量≤10g/kg 的区域面积也不大，主要集中在善堂镇。

图 3 - 1　鹤壁市土壤有机质养分分布

表 3 - 4 耕层土壤有机质分级

有机质分级	1 级	2 级	3 级	4 级	5 级
含量范围（g/kg）	>20.0	16.1~20.0	10.1~16.0	6.0~10.0	≤6.0

二、不同土壤质地有机质含量状况

表 3 - 5 有机质分质地统计　　　　单位：g/kg

质地	最大值	最小值	平均值	标准差	变异系数
紧砂土	20.2	4	11.69	3.34	0.285 677
轻壤土	20.9	9	15.70	2.41	0.153 223
轻黏土	20.5	9	15.82	2.68	0.169 452
砂壤土	20.8	7.2	14.76	2.81	0.190 041
中壤土	26.2	6.7	17.45	2.40	0.137 777
重壤土	24.2	8.5	16.85	2.44	0.144 884
总计	26.2	4	16.88	2.64	0.156 407

由表 3 - 4、表 3 - 5 可知，中壤土有机质含量最高，平均含量为 17.45g/kg，其次是重壤土、轻黏土，紧砂土、砂壤土含量最低，平均含量为 13.22g/kg，各质地标准差和变异系数相差不大，可见有机质含量与土壤质地有很大关系，基本遵循了土壤有机质含量由砂至黏逐渐升高的规律。

三、各乡镇土壤有机质含量状况

表 3 - 6 有机质分乡镇统计　　　　单位：hm²

乡名称	一级	二级	三级	四级	五级	总计
白寺乡	59.15	3 752.65	3 291.31			7 103.11
北阳镇		3 186.97	3 621.34			6 808.31
朝歌镇		80.55	800.64			881.19
城关镇		372.82	283.42			656.24
高村镇	11.41	5 720.53	86.58			5 818.51
合并区	11 435.11	14 969.04	62.63			26 466.78
黄洞乡		315.29	1 294.44			1 609.73
黎阳镇	4.99	3 139.36	3 422.9	6.19		6 573.44
庙口镇		3 286.58	755.22			4 041.8
农场		805.09	75.72			880.81
桥盟乡		2 040.98	1 738.97			3 779.94
善堂镇		31.46	6 650.44	1765.83	18.64	8 466.38
屯子镇	168.01	7 346.34	1 211.29			8 725.65

（续表）

乡名称	一级	二级	三级	四级	五级	总计
王庄乡		504. 16	6 824. 1	10. 98		7 339. 25
卫贤镇		5 183. 9	316. 5			5 500. 39
西岗镇		4 773. 37	98. 67			4 872. 04
小河镇	22	6 047. 98	886. 19			6 956. 17
新镇镇	84. 33	7 088. 03	1 099. 13	0. 07		8 271. 55
总计	11 785	68 645. 09	32 519. 5	1 783. 06	18. 64	114 751. 29

由表 3 - 6 可知，有机质含量最高的是城关镇、高村镇，平均含量为 17. 24g/kg，其次是小河镇、卫贤乡新镇镇和西岗镇，最低的是善堂镇，平均含量为 11. 0g/kg。全市有机质平均含量在 10. 1 ~ 20. 0g/kg 的面积较大，占总耕地面积的 98. 4%；含量在 6. 0 ~ 10. 0g/kg 的面积不大，占总耕地面积的 1. 55%，其中面积稍大的是善堂镇。根据《河南土壤》土壤资源评价分级标准，结合鹤壁市实际，目前鹤壁市土壤有机质含量处在中等水平。

四、增加土壤有机质含量的途径

土壤有机质的含量取决于其年生产量和矿化量的相对大小，当生产量大于矿化量时，有机质含量逐步增加，反之，将会逐步减少。土壤有机质矿化量主要受土壤温度、湿度、通气状况、有机质含量等因素影响。一般说来土壤温度低，通气性差，湿度大时，土壤有机质矿化量较低；相反，土壤温度高，通气性好，湿度适中时则有利于土壤有机质的矿化。分析鹤壁市土壤有机质含量偏低的原因有两个，一是砂质土壤面积大，通透性较好，不利于有机物的积累；二是有机肥料施用有限，使相当一部分有机质未能返回土壤。

农业生产中应注意创造条件，调节土壤水、热、通气、酸碱度等状况，减少土壤有机质的矿化量。

增加有机肥的施用量，是人为增加土壤有机质含量的主要途径，其方法有：

一是增施有机粪肥、有机无机复合肥。

二是推广秸秆还田。秸秆直接还田比施用等量的沤肥效果更好。目前，大力推广以小麦留高茬、玉米秸秆直接还田为主要措施的秸秆还田技术。

三是粮肥轮作、间作，用地养地相结合。随着农业生产的发展，复种指数越来越高，致使许多地方土壤有机质含量降低，肥力下降，实行粮肥轮作、间作制度，不仅可以保持和提高有机质含量，还可以改善土壤有机质的品质，活化已经老化了的腐殖质。

四是栽培绿肥。栽培绿肥可为土壤提供丰富的有机质和氮素，改善农业生态环境及土壤的理化性状。主要品种有苜蓿、绿豆、田菁等。

第三节 大量元素

土壤中的大量元素是作物正常生长必需的营养物质。土壤养分的不足和过剩均能导致作物的不良生长，影响其产量。在各种营养元素之中，氮、磷、钾三种是植物需要量和收获时带走量较多的营养元素，而它们通过残茬和根的形式归还给土壤的数量却不多。因此往往需要以施用肥料的方式补充这些养分，而在施肥的过程中，氮、磷、钾有机结合，做到科学施肥、科学管理。

一、全氮

（一）耕层土壤全氮含量现状

鹤壁市土壤全氮（N）平均含量为 0.98g/kg，标准差 0.108g/kg。从土壤全氮含量分布看（详见图 3-2），土壤全氮含量大于 1.5g/kg 的主要集中分布在黎阳镇和小河镇，全市土壤全氮含量大部分在 1.00~1.5g/kg，占总耕地面积的 71.5%，有一部分含量小于 1.0g/kg，集中分布在合并区、北阳镇和朝歌镇。

图 3-2 鹤壁市土壤全氮含量分布

（二）土壤全氮分级（表 3-7）

表 3-7 耕层土壤全氮分级

全氮分级	1 级	2 级	3 级	4 级	5 级
含量范围（g/kg）	>1.50	1.26~1.50	1.01~1.25	0.76~1.00	≤0.75

（三）不同土壤质地全氮含量状况

表 3 – 8　全氮分质地统计　　　　　　　　　单位：g/kg

质　地	最大值	最小值	平均值	标准差	变异系数
紧砂土	1.68	0.60	1.09	0.207	0.189 803
砂壤土	1.80	0.80	1.19	0.178	0.149 587
轻壤土	1.58	0.82	1.18	0.179	0.152 382
中壤土	1.69	0.80	1.12	0.187	0.166 905
重壤土	1.79	0.71	1.01	0.128	0.126 618
轻黏土	1.79	0.61	0.98	0.108	0.110 627
总计	1.80	0.60	1.02	0.144	0.141 677

由表 3 – 8 可知，重壤土全氮含量最大，平均含量为 1.28g/kg，其次是轻黏土、轻壤土、中壤土，砂壤土含量最小，平均含量为 1.03g/kg。土壤中全氮含量与土壤质地有密切关系，砂壤土在生产中需要补充氮肥以满足作物的生长所需。

（四）不同区域全氮含量状况

表 3 – 9　全氮各乡镇含量统计　　　　　　　　　单位：hm²

乡镇名称	一级	二级	三级	四级	五级	总计
白寺乡	3.56	1 216.97	5 417.01	465.57		7 103.11
北阳镇			3 144.3	3 664.01		6 808.31
朝歌镇			49.69	831.5		881.19
城关镇	142.06	246.93	267.26			656.24
高村镇			4 860.02	958.49		5 818.51
合并区			7 634.29	18 817.88	14.61	26 466.78
黄洞乡			308.95	1 297.49	3.29	1 609.73
黎阳镇	823.03	3 343.95	2 398.77	7.69		6 573.44
庙口镇			2 908.74	1 133.06		4 041.8
农场	13.28	840.88	26.65			880.81
桥盟乡			2 194.42	1 585.53		3 779.94
善堂镇	7.95	983.2	5 787.03	1 669.36	18.83	8 466.38
屯子镇	0.17	277.98	8 242.11	205.38		8 725.65
王庄乡	9.62	2 234.62	5 071.5	23.49		7 339.25
卫贤镇	49.51	637.78	4 762.37	50.74		5 500.39
西岗镇			4 817.27	54.76		4 872.04
小河镇	331.8	2 435.94	4 188.15	0.28		6 956.17
新镇镇	19.39	614.48	7 097.32	540.36		8 271.55
总计	1 400.37	12 832.73	69 175.85	31 305.59	36.73	114 751.29

由表 3 – 9 可知，土壤全氮平均含量最高的是城关镇和黎阳镇，平均为 1.44g/kg，其次是小河镇，平均含量在 1.27g/kg，平均含量最低的是黄洞乡，为 0.94g/kg。全市土壤全氮含量大于 1.50g/kg 面积很小，仅占总耕地面积的 1.22%，其中黎阳镇占的面积最大；含量在 1.01～1.5g/kg 之间的面积最大，占总耕地面积的 71.5%；含量≤1.00g/kg 的面积占总

耕地面积的 27.31%。总体看鹤壁市土壤全氮含量属中等水平。

（五）科学施用氮肥，合理耕作，增加土壤氮素

第一，豆科作物和豆科绿肥因含有固氮根榴菌，能提高土壤氮素的含量，在轮作中多安排豆科作物，能明显提高土壤氮素的含量。

第二，施用有机肥和秸秆还田是维持土壤氮素平衡的有效措施，各种有机肥和秸秆都含有大量的氮素，这些氮素直接或间接来源于土壤，把它们归还给土壤，有利于土壤氮素循环平衡。

第三，用化肥补足。氮是植物生长的必需养分，它是每个活细胞的组成部分。植物需要大量氮，因作物产量的提高，作物每年带走大量的氮素，因此土壤氮素年亏损量，用化肥来补足是维持土壤氮素平衡的重要措施之一。

第四，合理施用氮肥，减少污染和浪费。因氮肥自身易溶的特点，为了省工省时和充分利用雨水浇灌，普遍存在氮肥撒施、表施现象，这样既降低了肥料的利用率，又污染了环境，因此，推广氮肥深埋技术是提高氮肥利用率的重要措施。

二、有效磷

（一）耕层有效磷含量现状

鹤壁市土壤有效磷平均含量为 15.1mg/kg，标准差为 5.83mg/kg。从土壤有效磷含量分布图看（详见图 3-3），全市土壤有效磷含量分布极不集中，各个含量区间大部分区域都有分布。含量大部分为 10.1～15.0mg/kg，含量在 15.1～20.0mg/kg 有一部分，含量 ≤10.0mg/kg 和大于 20.0mg/kg 的区域有少部分，含量大于 20.0mg/kg 的土壤主要分布在善堂镇，含量小于 10.0mg/kg 的土壤主要分布在屯子镇和白寺乡。

图 3-3　鹤壁市土壤有效磷含量分布

（二）土壤有效磷分级（表3－10）

表3－10　耕层土壤有效磷分级

有效磷分级	1 级	2 级	3 级	4 级	5 级
含量范围（g/kg）	>30.0	20.1～30.0	15.1～20.0	10.1～15.0	≤10.0

（三）不同土壤质地有效磷含量状况

表3－11　有效磷分质地统计　　　　　单位：mg/kg

质　地	最大值	最小值	平均值	标准差	变异系数
紧砂土	34.3	12.4	22.44	5.979 36	0.266 478
轻壤土	37.9	7.4	14.96	4.590 11	0.306 807
轻黏土	29.2	7	13.62	5.275 54	0.387 206
砂壤土	50.7	6.3	16.98	6.134 69	0.361 315
中壤土	61	5.1	14.67	5.255 08	0.358 116
重壤土	49.2	5.1	14.60	5.461 43	0.373 958
总　计	61	5.1	14.90	5.458 74	0.366 455

由表3－11可知，紧砂土有效磷含量最高，平均含量为14.9mg/kg，最大值为61mg/kg，最小值为5.1mg/kg，变化幅度较大；重壤土含量最低，平均含量为14.60mg/kg，有效磷含量与土壤质地没有相关关系，主要受人为因素影响。

（四）不同区域有效磷含量状况

表3－12　有效磷分乡统计　　　　　单位：hm²

乡名称	一级	二级	三级	四级	五级	总计
白寺乡		8.76	118.48	4 558.59	2 417.28	7 103.11
北阳镇	43.74	97.39	1 427.74	4 686.38	553.06	6 808.31
朝歌镇		2.6	250.51	608.86	19.22	881.19
城关镇			494.96	161.29		656.24
高村镇	225.08	735.09	4 068.45	784.48	5.4	5 818.51
合并区		1 407.94	17 647.76	7 306.66	104.42	26 466.78
黄洞乡		65.62	415.47	714.95	413.69	1 609.73
黎阳镇	1.87	246.44	3 806.79	2 500.93	17.41	6 573.44
庙口镇	88.44	89.75	2 052.15	1 532.93	278.53	4 041.8
农　场				880.29	0.52	880.81
桥盟乡	179.1	804.2	764.76	1 459.89	572	3 779.94
善堂镇	127.25	5 853.13	2 428.22	57.6	0.19	8 466.38
屯子镇		0.64	191.6	6 421.4	2 112	8 725.65
王庄乡	28.05	396.09	4 787.78	2 127.32		7 339.25

（续表）

乡名称	一级	二级	三级	四级	五级	总计
卫贤镇	2.2	34.53	710.96	4 638.7	113.99	5 500.39
西岗镇		1 044.68	1 697.66	2 124.42	5.28	4 872.04
小河镇	4.11	212.93	882.49	5 651.14	205.5	6 956.17
新镇镇		56.3	1 333.81	6 574.21	307.23	8 271.55
总　计	699.84	11 056.08	43 079.6	52 790.07	7 125.7	114 751.29

由表 3 - 12 可知，全市有效磷含量乡镇之间差别很大，善堂镇达到 22.2mg/kg，而屯子镇只有 10.4mg/kg。由表 3 - 10 可知，全市土壤有效磷含量在 10.0～30.0mg/kg 的各个区间几乎各乡镇都有分布，而含量大于 30.0mg/kg 的区域在善堂镇土壤面积有 353.12hm²，而黎阳镇、王庄乡和小河镇的面积很小。含量在 10.1～15.0mg/kg 的面积较大，占总耕地面积的 48.09%，其次含量在 15.1～20.0mg/kg 的面积也有较大部分，占总耕地面积的 22.83%。总体看鹤壁市土壤磷中等，生产上应该注意磷肥的有效施用。

（五）合理施用磷肥，增加土壤有效磷，提高磷肥利用率

一是增施有机肥料、增加有机成分，促使有机肥矿化，提高土壤中有机活性酸的含量。土壤中难溶性磷素需要在磷细菌的作用下，逐渐转化成有效磷，供作物吸收利用。土壤有机质有利于微生物的繁殖和微生物活性的提高，增强磷素转化速度。同时有效的磷素与有机物质结合，减弱了土壤磷素的矿化作用，有利于有效磷贮存积累。

二是与有机肥料混合使用。在土壤中，难溶性磷酸盐与生物呼吸作用产生的二氧化碳、有机肥料分解时产生的有机酸作用，可逐渐转变成为弱酸溶性或水溶性磷酸盐，提高磷素的利用率。

三是磷肥在土壤中易被固定，作物难以吸收利用。磷肥穴施，条施，比撒施利用率高。

三、速效钾

（一）耕层土壤速效钾含量现状

鹤壁市土壤速效钾（K）平均含量 129.84mg/kg，标准差 40.006mg/kg。从土壤速效钾含量分布图看（图 3 - 4），全市土壤速效钾含量大部分在 51～150mg/kg，还有一部分在 151～200mg/kg，主要分布在合并区、小河乡、新镇镇。含量≤50mg/kg 的面积小，主要分布在善堂镇和北阳镇。含量大于 200mg/kg 的区域有一小部分，集中在合并区、小河乡、新镇镇、高村镇。

（二）土壤速效钾分级（表 3 - 13）

表 3 - 13　耕层土壤速效钾分级

速效钾分级	1 级	2 级	3 级	4 级	5 级
含量范围（g/kg）	>200	151～200	101～150	51～100	≤50

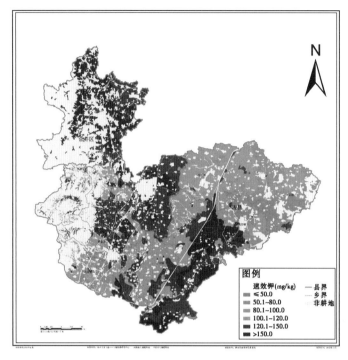

图 3 - 4   鹤壁市土壤速效钾含量分布

（三）不同土壤质地速效钾含量状况

表 3 - 14   速效钾分质地统计   单位：mg/kg

质 地	最大值	最小值	平均值	标准差	变异系数
紧砂土	182	37	78.63	27.375	0.348169
轻壤土	242	56	112.03	29.891	0.266816
轻黏土	254	58	126.37	38.585	0.305342
砂壤土	204	39	97.96	35.121	0.358524
中壤土	303	41	132.55	40.110	0.302605
重壤土	337	36	136.46	37.739	0.276545
总计	337	36	129.80	39.965	0.307897

由表 3 - 14 可知，重壤土速效钾含量最高，平均含量为 136.46mg/kg，其次是中壤土、轻黏土，紧砂土含量最低，平均含量为 78.63mg/kg，可见速效钾含量与土壤质地类型还是有密切关系的。

（四）不同乡镇速效钾含量状况

表 3 - 15   速效钾分乡统计表面积   单位：hm²

乡镇名称	一级	二级	三级	四级	五级	总计
白寺乡	31.9	1 825.76	3 598.17	1 647.28		7 103.11
北阳镇		703.74	676.43	5 404.79	23.34	6 808.31

（续表）

乡镇名称	一级	二级	三级	四级	五级	总计
朝歌镇	4.7	8.11	747.65	120.72		881.19
城关镇	23.79	227.66	32.64	366.43	5.73	656.24
高村镇	61.29	862.65	4 325.42	569.14		5 818.51
合并区	3 030.15	10 277.89	13 108.06	50.67		26 466.78
黄洞乡	53.86	60.43	1 445.26	50.19		1 609.73
黎阳镇	0.02	1 263.03	1 780.13	3 530.26		6 573.44
庙口镇	17.53	505.99	2 986.98	531.31		4 041.8
农场		788.14	85.86	6.82		880.81
桥盟乡	32.73	284.61	2 664.36	798.24		3 779.94
善堂镇		22.02	957.38	7 416.78	70.2	8 466.38
屯子镇		192.01	1 556.61	6 977.03		8 725.65
王庄乡			1 920.66	5 418.58		7 339.25
卫贤镇		22	4 863.17	615.22		5 500.39
西岗镇	1.73	0.2	4 715.05	155.06		4 872.04
小河镇	57.81	2 873.14	4 007.47	17.75		6 956.17
新镇镇	173.28	2 253.37	5 623.92	220.98		8 271.55
总计	3 488.79	22 170.76	55 095.22	33 897.26	99.26	114 751.29

由表 3 - 15 可知，速效钾含量最高的是小河镇和新镇镇平均为 142mg/kg，最低的是善堂镇 75mg/kg。全市速效钾含量大于 200mg/kg 的面积很小，仅占总耕地面积的 3.04%，主要分布在合并区和新镇镇。含量 150 ~200mg/kg 的面积较小，占总耕地面积的 19.32%，其中合并区、新镇镇和小河镇占面积稍大；含量在 101 ~ 150mg/kg 的面积占总耕地面积的 48.01%；含量在 51 ~ 100mg/kg 的面积占总耕地面积的 29.54%，含量≤50mg/kg 的面积很小，占总耕地面积的 0.09%，主要分布在善堂镇、北阳镇。根据《河南土壤》土壤资源评价分级标准，结合鹤壁市实际，目前鹤壁市土壤速效钾含量处于中等水平。

（五）提高土壤速效钾含量的途径

一是增施有机肥料和生物钾肥。钾在土壤中也是易被晶格固定的元素，有机无机相结合施用，能提高肥料的利用率。

二是大力推广秸秆还田技术，作物秸秆中含有大量的钾素，秸秆直接还田，是提高土壤钾素含量的重要途径。

三是增施草木灰、含钾量高的肥料。

四、缓效钾

（一）耕层土壤缓效钾含量现状

鹤壁市土壤缓效钾（K）含量较高，平均值 698.14mg/kg，标准差 125.81mg/kg。从土壤缓效钾含量分布图看（图 3 - 5），全市土壤缓效钾含量在 601 ~690mg/kg、691 ~790mg/

kg的面积较大，主要分布在合并区、善堂镇、屯子乡、白寺镇北阳镇，含量大于950mg/kg的面积较小，主要分布在小河镇、庙口镇，含量小于600mg/kg的最小，主要分布在屯子镇、合并区、善堂镇。

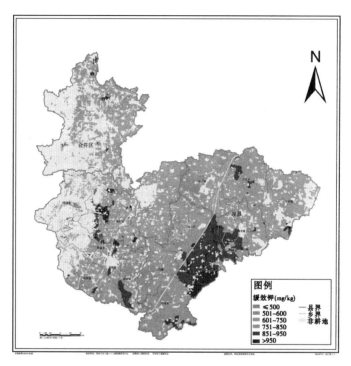

图3-5　鹤壁市土壤缓效钾含量分布

（二）土壤缓效钾分级（表3-16）

表3-16　耕层土壤缓效钾分级

缓效钾分级	1级	2级	3级	4级	5级
含量范围（g/kg）	>950	791~950	691~790	601~690	≤600

（三）不同土壤质地缓效钾含量状况

表3-17　缓效钾分质地统计　　　　　　　　单位：mg/kg

质地	最大值	最小值	平均值	标准差	变异系数
紧砂土	1 013	271	674.07	116.767 3	0.173 226
砂壤土	1 151	403	747.20	138.830 4	0.185 8
轻壤土	1 068	364	743.68	131.030 8	0.176 192
中壤土	1 182	399	707.32	128.392 2	0.181 518
重壤土	1 147	297	694.54	120.835 4	0.173 98
轻黏土	1 170	277	692.22	128.496 6	0.185 631
总计	1 182	271	697.88	125.705 1	0.180 125

从表 3 - 17 可知，中壤土缓效钾含量最高，平均含量为 698.14mg/kg，紧砂土含量最低，平均含量为 674.07mg/kg，全市土壤缓效钾含量都超过 600mg/kg，各个土壤质地类型中的缓效钾都很丰富。缓效钾的含量和土壤质地没有一定的相关性。

（四）不同区域缓效钾含量状况

表 3 - 18　缓效钾分乡统计表　　　　　　　　　　　　　单位：hm²

乡镇名称	一级	二级	三级	四级	五级	合计
白寺乡	182.85	718.11	1 993.68	2 732.46	1 476.01	7 103.11
北阳镇		938.86	1 782.64	2 937.34	1 149.47	6 808.31
朝歌镇	3.81	707.99	86.63	82.75		881.19
城关镇		284.05	83.82	288.38		656.24
高村镇	173.85	1 452.88	2 857.18	1 080.85	253.75	5 818.51
合并区	48.71	831.65	6 824.77	16 299.8	2 461.84	26 466.78
黄洞乡	29.37	143.46	125.1	545.5	766.31	1 609.73
黎阳镇	36.17	2 736.01	3 193.94	513.18	94.14	6 573.44
庙口镇	890.47	1 301.5	941.32	795.04	113.48	4 041.8
农场	13.28	812.16	51.33	4.04		880.81
桥盟乡	243.16	1 151.96	1 495.95	799	89.87	3 779.94
善堂镇	92.25	624.7	3 251.03	2 830.04	1 668.37	8 466.38
屯子镇		40	903.35	4 650.5	3 131.79	8 725.65
王庄乡	7.13	4 059.34	2 997.14	255.79	19.84	7 339.25
卫贤镇	2.37	10.68	2 344.88	1 394.95	1 747.52	5 500.39
西岗镇	0.2	1 725.45	913.75	895.81	1 336.83	4 872.04
小河镇	1 806.65	4 786.63	347.98	14.91		6 956.17
新镇镇		2 683.87	2 017	2 080.35	1 490.33	8 271.55
总计	3 530.27	25 009.3	32 211.48	38 200.69	15 799.55	114 751.29

由表 3 - 18 可知，全市土壤缓效钾比较丰富，区域性差异小，均处于较高的状态，各乡镇平均含量都在 650mg/kg 以上，含量最高的是小河镇是 952mg/kg，最低的是白寺乡，也达到了 664mg/kg。全市土壤缓效钾含量在 691～790mg/kg 的面积较大，占总耕地面积的28%；含量大于 790mg/kg 的面积占总耕地面积的 32.73%，其中最大的是小河镇，王庄乡次之。可见，鹤壁市土壤缓效钾含量处于较高水平。

第四节　土壤酸碱度

土壤的酸碱度（pH 值）是土壤重要的化学性质，它不仅直接影响作物的生长，而且影响土壤养分的转化，对作物的生长发育起重要作用。

一、耕层土壤 pH 值现状

鹤壁市土壤 pH 值受成土母质影响，呈现偏碱性，全市 pH 平均值 8.1，标准差 0.12。从分布图看（图 3－6），全市土壤 pH 平均在 7.9～8.2，没有较大的差异，新镇镇 pH 平均值在 7.9，其他乡镇 pH 值都在 8.1～8.2。总体上看，鹤壁市呈弱碱性，但对作物生长不会造成不良影响。

图 3－6　鹤壁市土壤 pH 值分布

二、土壤 pH 值分级（表 3－19）

表 3－19　pH 值分级统计

pH 值分级	一级	二级	三级	四级	五级
含量范围（mg/kg）	>8.20	8.10～8.20	8.00～8.10	7.90～8.00	≤7.90

三、不同土壤质地 pH 值状况

表 3－20　pH 值分质地统计

质　地	最大值	最小值	平均值	标准差	变异系数
紧砂土	8.3	8	8.20	0.093	0.011 28
轻壤土	8.4	7.7	8.07	0.108	0.013 329
轻黏土	8.2	7.9	8.10	0.071	0.008 795

（续表）

质　地	最大值	最小值	平均值	标准差	变异系数
砂壤土	8.4	7.8	8.08	0.112	0.013 845
中壤土	8.5	7.5	7.98	0.104	0.013 052
重壤土	8.3	7.6	7.97	0.102	0.012 788
总计	8.5	7.5	7.99	0.113	0.014 109

由表3-20知，紧砂土pH值最大，平均为8.20，重壤土pH值最小，平均为7.97，各个质地类型最大值与最小值差别不大。可见，土壤pH值与质地类型关系不大，主要与田间管理肥料的施用有关。

四、不同区域 pH 值含量状况

表3-21　pH值分乡统计　　　　　　　　　　　单位：hm^2

乡名称	一级	二级	三级	四级	五级	总计
白寺乡	458.85	6 208.17	435.99	0.1		7 103.11
北阳镇			1 587.83	5 097.22	123.26	6 808.31
朝歌镇			784.41	84.83	11.95	881.19
城关镇	145.32	475.81	35.11			656.24
高村镇	0.63	75.08	5 511.56	215.09	16.15	5 818.51
合并区	464.93	3 213.74	14 809.73	6 568.61	1 409.78	26 466.78
黄洞乡		3.9	155.84	1 038.19	411.8	1 609.73
黎阳镇	388.14	4 078.16	2 093.91	13.23		6 573.44
庙口镇	0.34	156.4	3 777.57	85.23	22.26	4 041.8
农场	20.35	807.37	49.57		3.52	880.81
桥盟乡			643.96	2 907.01	228.97	3 779.94
善堂镇	7 945.97	486.11	34.31			8 466.38
屯子镇	1 777.96	6 078.03	777.6	18.73	73.33	8 725.65
王庄乡	3 963.23	3 368.12	7.9			7 339.25
卫贤镇	5.8	3 195.13	1 982.92	316.41	0.14	5 500.39
西岗镇			1 112.71	3 699.34	59.99	4 872.04
小河镇	318.12	3 397.68	2 760.98	479.39		6 956.17
新镇镇	39.78	833.82	3 120.58	3 769.48	507.89	8 271.55
总计	15 529.42	32 377.51	39 682.47	24 292.87	2 869.03	114 751.29

由表3-20和表3-21可知，全市pH值基本都在8.0左右，没有较大差别，善堂镇、王庄乡pH值最高，为8.2，合并区pH值最低，也为7.9。全市土壤pH值在7.9~8.2，适合于鹤壁市常规农作物种植。

第五节 微量元素

微量元素是作物必需的营养元素，作物所需的微量元素主要来自于土壤，土壤中微量元素供给不足时，许多作物的生长发育受到影响，产量和质量均会下降。

一、有效锌

（一）耕层土壤有效锌含量现状

鹤壁市土壤有效锌（Zn）平均含量为 1.41mg/kg，标准差 0.689mg/kg，变化幅度非常大。从土壤有效锌含量分布图看（图 3 - 7），全市土壤有效锌含量在 1.01 ~ 1.40mg/kg 与 1.41 ~ 2.00mg/kg，占全市总土壤面积较大，主要分布在合并区、善堂镇、王庄乡、新镇镇、黎阳镇；有效锌含量 ≤0.50g/kg 分布面积较小，主要分布在屯子镇和北阳镇；含量大于 2.00mg/kg 的部分比较分散，除了屯子镇和白寺镇，其他乡镇均有分布。

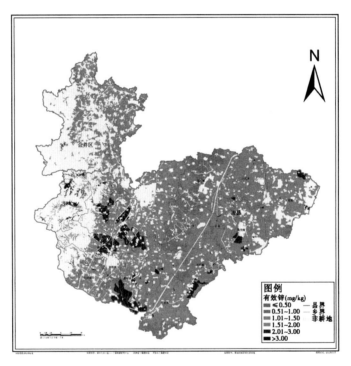

图 3 - 7 鹤壁市土壤有效锌含量分布

（二）土壤有效锌分级（表 3 - 22）

表 3 - 22 有效锌分级统计　　　　　　　　　　　　　　　单位：mg/kg

有效锌分级	一级	二级	三级	四级	五级
含量范围（mg/kg）	>2.00	1.41 ~ 2.00	1.01 ~ 1.40	0.51 ~ 1.00	≤0.50

（三）不同土壤质地有效锌含量状况

表 3 – 23　土壤不同质地有效锌含量状况　　　单位：mg/kg

质　地	最大值	最小值	平均值	标准差	变异系数
紧砂土	2.40	0.63	1.59	0.349 31	0.219 08
砂壤土	2.99	0.60	1.51	0.452 55	0.300 03
轻壤土	2.47	0.65	1.28	0.401 17	0.313 47
中壤土	3.11	0.55	1.58	0.430 12	0.271 93
重壤土	7.41	0.31	1.35	0.578 73	0.429 70
轻黏土	7.02	0.37	1.68	0.869 59	0.516 60
总计	7.41	0.31	1.48	0.689 23	0.465 116

由表 3 – 23 可知，轻黏土含量最高，平均含量为 1.68mg/kg，轻壤土含量最低，平均含量为 1.28mg/kg，各个质地含量相差不大，但标准差和变异系数大，可见土壤有效锌含量与土壤类型关系不密切，受人为因素影响较大。

（四）不同区域有效锌含量状况

表 3 – 24　土壤有效锌分乡统计　　　单位：hm²

乡镇名称	一级	二级	三级	四级	五级	汇总
白寺乡	0	89.87	3 071.76	3 941.48		7 103.11
北阳镇	769.46	1 604.84	2 831.92	1 584.85	17.23	6 808.31
朝歌镇	5.93	535.98	119.36	219.92		881.19
城关镇	212.35	355.54	88.36			656.24
高村镇	1 949.09	2 744.91	602.24	522.28		5 818.51
合并区	9.16	2 025.86	22 046.77	2 384.99		26 466.78
黄洞乡	1 050.15	445.52	103.42	10.63		1609.73
黎阳镇	161.06	4 058.51	2 317.79	36.08		6 573.44
庙口镇	1 177.92	1 787.99	910.89	165		4 041.8
农场	6.3	83.23	791.28			880.81
桥盟乡	1 061.45	1 264.94	812.03	640.95	0.57	3 779.94
善堂镇	309.91	4 950.76	2 893.23	312.48		8 466.38
屯子镇	0	434.12	4 586.84	3 686.76	17.93	8 725.65
王庄乡	10.49	6 433.32	872.6	22.84		7 339.25
卫贤镇	127.7	2 777.03	2 549.82	45.85		5 500.39
西岗镇	1 774.62	2 269.96	778.07	49.38		4 872.04
小河镇	478.25	2 801.47	2 930.72	745.73		6 956.17
新镇镇	87.8	3 266.82	3 445.05	1 471.88		8 271.55
总计	9 191.63	37 930.67	51 752.15	15 841.11	35.73	114 751.29

由表 3–24 可知，黄洞乡土壤有效锌含量最高，平均含量为 2.53mg/kg，白寺乡含量最低，平均含量仅为 0.96mg/kg，相差近三倍。全市土壤有效锌含量在 1.01~1.40mg/kg 面积最大，占总耕地面积 45.1%；含量小于 0.50mg/kg 面积较小，仅占总耕地面积的 0.03%。可见，目前鹤壁市土壤有效锌处于高水平含量状态。

二、有效铁

（一）耕层有效铁含量现状

鹤壁市土壤有效铁（Fe）平均含量为 7.82mg/kg，标准差 3.36mg/kg。从土壤有效铁含量分布图看（图 3–8），全市有效铁含量一部分在 4.51~6.00mg/kg，一部分在 6.01~10.00mg/kg，含量≤3.30mg/kg 的主要分布在屯子镇、白寺乡和合并区，面积有 11 546.02 hm²，有效铁含量大于 10.00mg/kg 的主要分布在西岗镇、高村镇和北阳镇。

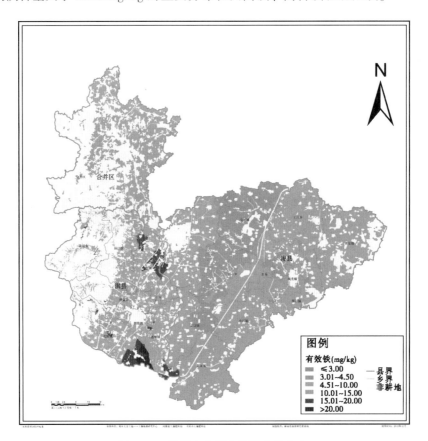

图 3–8　鹤壁市土壤有效铁含量分布

（二）土壤有效铁分级（表 3–25）

表 3–25　有效铁分级统计　　　　　　　　　　　　　　单位：mg/kg

有效铁分级	一级	二级	三级	四级	五级
含量范围（mg/kg）	>10.00	6.01~10.00	4.51~6.00	3.31~4.50	≤3.30

（三）不同土壤质地有效铁含量状况

表 3-26　土壤不同质地有效铁含量状况　　　　单位：mg/kg

质　地	最大值	最小值	平均值	标准差	变异系数
紧砂土	10. 30	4. 31	6. 01	0. 998 25	0. 166 00
砂壤土	17. 40	2. 46	6. 36	2. 624 18	0. 412 70
轻壤土	11. 77	3. 10	5. 78	1. 504 01	0. 260 20
中壤土	23. 90	3. 15	7. 44	3. 085 17	0. 414 78
重壤土	24. 41	2. 64	7. 65	3. 463 56	0. 452 74
轻黏土	22. 78	2. 70	8. 63	3. 300 41	0. 382 65
总计	24. 41	2. 46	7. 82	3. 366 20	0. 430 40

由表 3-26 可知，轻黏土含量最高，平均含量为 8.63mg/kg，重壤土次之，紧砂土含量最低，平均含量为 6.01mg/kg，各个质地含量相差不大，但标准差和变异系数大，可见土壤有效铁含量与土壤类型关系不密切，受人为因素影响较大。

（四）不同区域有效铁含量状况

表 3-27　有效铁分乡统计　　　　单位：hm²

乡镇名称	一级	二级	三级	四级	五级	汇总
白寺乡	0	232. 34	2 575. 15	3 806. 07	489. 55	7 103. 11
北阳镇	3 981. 42	2 688. 8	15. 63	0	122. 45	6 808. 31
朝歌镇	869. 04	12. 14	0	0	0. 01	881. 19
城关镇	99. 67	420. 13	118. 8	17. 65	0	656. 24
高村镇	4 537. 02	1 265. 33	0	0	16. 15	5 818. 51
合并区	379. 72	15 639. 14	8 507. 5	1 605. 21	335. 22	26 466. 78
黄洞乡	1 161. 18	422. 83	0	0	25. 72	1 609. 73
黎阳镇	55. 9	705. 61	4 893. 21	858. 12	60. 61	6 573. 44
庙口镇	2 184. 61	1 724. 07	111. 28	7	14. 84	4 041. 8
农场	0	176. 37	615. 29	88. 14	1. 01	880. 81
桥盟乡	2 131. 11	1 647. 65	0	0	1. 18	3 779. 94
善堂镇	0	5 987. 14	2 470. 02	9. 21	0	8 466. 38
屯子镇	0	139. 75	1 189. 85	6 642. 68	753. 38	8 725. 65
王庄乡	0	27. 37	7 221. 35	90. 53	0	7 339. 25
卫贤镇	17. 09	1 552. 89	2 334. 99	1 570. 47	24. 96	5 500. 39
西岗镇	4 856. 5	15. 54	0	0	0	4 872. 04
小河镇	18. 44	5 654. 16	1 277. 7	5. 79	0. 08	6 956. 17
新镇镇	42. 65	8 211. 53	17. 38	0	0	8 271. 55
总计	20 334. 35	46 522. 78	31 348. 14	14 700. 87	1 845. 15	114 751. 29

由表 3－27 可知，西岗镇土壤有效铁含量最高，平均含量为 13.59mg/kg，白寺乡含量最低，平均含量为 4.12mg/kg。由表 3－25 可知，全市大部分乡镇土壤有效铁含量在 6.01～10.00mg/kg 之间的面积最大，占总耕地面积的 40.54%，其次含量在 4.51～6.00mg/kg 的面积较大，占总耕地面积的 27.32%；含量小于 4.50mg/kg 的面积最小，占总耕地面积的 1.61%，其中屯子镇面积稍大些；含量大于 10.00mg/kg 的面积占总耕地面积的 17.72%。根据《河南土壤》土壤资源评价分级标准，结合鹤壁市实际，目前鹤壁市土壤有效铁含量处于低水平，农业生产中要重视补充铁肥。

三、有效铜

（一）耕层土壤有效铜含量现状

鹤壁市土壤有效铜（Cu）平均含量为 1.32mg/kg，标准差为 0.547mg/kg。从土壤有效铜含量分布图看（图 3－9），全市有效铜含量小于 0.66mg/kg 的区域分布在西南部，含量在 0.661～1.00mg/kg 的除朝歌镇和农场外其他乡镇均有分布。含量在 1.001～1.20mg/kg 和 1.20～1.80mg/kg，各乡镇均有分布。含量大于 1.80mg/kg 的只要分布在合并区。含量≤0.66mg/kg 的区域面积，集中在屯子和白寺两个乡镇。

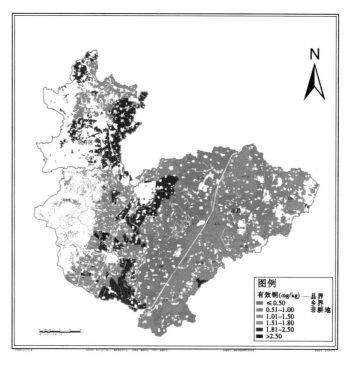

图 3－9　鹤壁市土壤有效铜含量分布

（二）土壤有效铜分级（表 3－28）

表 3－28　土壤有效铜分级　　单位：mg/kg

有效铜分级	一级	二级	三级	四级	五级
含量范围（mg/kg）	>1.80	1.201～1.80	1.00～1.20	0.66～1.00	≤0.66

（三）不同土壤质地有效铜含量状况

表 3 - 29　有效铜分质地统计　　　　　单位：mg/kg

质　地	最大值	最小值	平均值	标准差	变异系数
紧砂土	1.95	0.47	0.95	0.334 99	0.354 21
砂壤土	3.86	0.48	1.08	0.357 02	0.330 56
轻壤土	2.18	0.46	1.09	0.283 51	0.258 97
中壤土	4.01	0.45	1.05	0.404 22	0.383 44
重壤土	13.63	0.39	1.36	0.604 44	0.443 22
轻黏土	4.25	0.40	1.38	0.480 62	0.349 21
总计	13.63	0.39	1.32	0.546 77	0.413 491

由表 3 - 29 可知，轻黏土含量最高，平均含量为 1.38mg/kg，重壤土次之，紧砂土含量最低，平均含量为 0.95mg/kg，各个质地含量相差不大，但标准差和变异系数大，可见土壤有效铜含量与土壤类型关系不密切，受人为因素影响较大。

（四）不同区域有效铜含量状况

表 3 - 30　有效铜分乡统计　　　　　单位：hm²

乡镇名称	一级	二级	三级	四级	五级	汇总
白寺乡	20.34	836.62	1 094.89	2 383.99	2 767.28	7 103.11
北阳镇	1 975	3 028.71	896.9	821.99	85.7	6 808.31
朝歌镇	4.18	652.18	224.82	0	0	881.19
城关镇	0	210.53	386.52	59.19	0	656.24
高村镇	2 025.57	2 356.56	1 302.02	134.36	0	5 818.51
合并区	13 323.56	10 569.19	1 001.63	1 273.96	298.44	26 466.78
黄洞乡	0	870.07	643.8	95.86	0	1 609.73
黎阳镇	0	448.83	2 755.75	3 333.05	35.81	6 573.44
庙口镇	307.32	1 505.96	1 240.07	980.06	8.38	4 041.8
农场	0	787.94	92.87	0	0	880.81
桥盟乡	1 206.34	1 164.95	1 109.44	299.22	0	3 779.94
善堂镇	62.74	811.01	1 751.21	4 371.59	1 469.83	8 466.38
屯子镇	0	93.87	495.21	5 008.55	3 128.01	8 725.65
王庄乡	0	2 607.99	2 080.25	2 465.93	185.07	7 339.25
卫贤镇	7.17	51.15	560.96	4 795.57	85.54	5 500.39
西岗镇	2 849.34	1 889.4	69.64	63.65	0	4 872.04
小河镇	228.24	3 579.73	2 602.19	546.01	0	6 956.17
新镇镇	9.62	536.32	4 456.82	3 251.42	17.38	8 271.55
总计	22 019.42	32 001.04	22 764.99	29 884.4	8 081.44	114 751.29

由表 3 – 30 可知，西岗镇土壤有效铜含量最高，平均含量为 1.85mg/kg，白寺乡含量最低，平均含量为 0.75mg/kg，各乡镇差别不大。全市有效铜含量在 1.20 ~ 1.80mg/kg 面积最大，占总耕地面积的 27.89%，其次是含量在 0.66 ~ 1.00mg/kg 之间区域，占总耕地面积的 26.04%；含量小于 0.66mg/kg 区域面积小，占总耕地面积的 0.77%，其中屯子镇面积稍大。根据《河南土壤》土壤资源评价分级标准，结合鹤壁市实际，目前鹤壁市土壤有效铜含量丰富，生产中可以不补充。

四、有效锰

（一）耕层土壤有效锰含量现状

鹤壁市土壤有效锰（Mn）平均含量为 15.72mg/kg，标准差为 3.902mg/kg。从土壤有效锰含量分布图看（图 3 – 10），全市土壤有效锰含量主要分布在 15.1 ~ 30.0mg/kg 和 12.1 ~ 15.0mg/kg，含量小于 10.0mg/kg 的区域主要集中分布在黎阳镇，含量 ≥30.0mg/kg 的面积很小，仅有 52.33hm^2，主要分布在庙口镇。

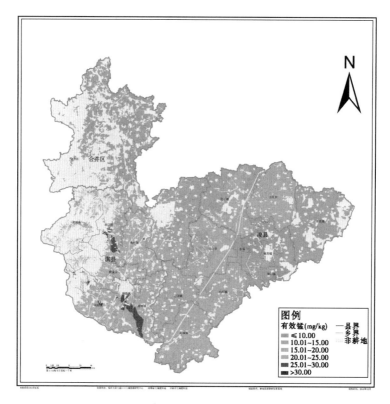

图 3 – 10　鹤壁市土壤有效锰含量分布

（二）土壤有效锰分级（表 3 – 31）

表 3 – 31　土壤有效锰分级　　　　　　　　　单位：mg/kg

有效锰分级	一级	二级	三级	四级	五级
含量范围（mg/kg）	>30.0	15.1 ~ 30.0	12.1 ~ 15.0	10.1 ~ 12.0	≤10.0

（三）不同土壤质地有效锰含量状况

表 3 - 32　有效锰分质地统计　　　　单位：mg/kg

质　地	最大值	最小值	平均值	标准差	变异系数
紧砂土	16.98	7.61	12.33	1.909 71	0.154 87
砂壤土	23.80	4.00	15.04	3.655 19	0.243 11
轻壤土	19.31	8.98	15.06	2.157 80	0.143 27
中壤土	33.53	7.14	15.41	4.568 51	0.296 38
重壤土	33.49	6.74	15.97	3.907 68	0.244 76
轻黏土	32.55	6.66	15.69	3.875 46	0.247 00
总计	33.53	4.00	15.71	3.896 11	0.247 943

由表 3 - 32 可知，重壤土含量最高，平均含量为 15.97mg/kg，轻黏土次之，紧砂土含量最低，平均含量为 12.33mg/kg，各种质地含量相差不大，但标准差和变异系数大，可见土壤有效锰含量与土壤类型关系不密切，受人为因素影响较大。

（四）不同区域有效锰含量状况

表 3 - 33　有效锰分乡统计　　　　单位：hm²

乡镇名称	一级	二级	三级	四级	五级	汇总
白寺乡		5 575.82	1 471.26	56.04		7 103.11
北阳镇	6.71	6 467.46	334.14			6 808.31
朝歌镇		881.18	0.01			881.19
城关镇		123.47	394.52	132.54	5.73	656.24
高村镇		5 796.32	22.19			5 818.51
合并区		3 881.1	19 190.76	3 345.22	49.71	26 466.78
黄洞乡		945.98	602.69	51.09	9.98	1 609.73
黎阳镇		78.67	228.38	4 537.31	1 729.08	6 573.44
庙口镇	43.42	2 995.69	844.71	96.23	61.75	4 041.8
农场		179.89	657.32	6.3	37.3	880.81
桥盟乡		3 751.25	28.12	0.57		3 779.94
善堂镇		100.71	4 916.26	3397.79	51.62	8 466.38
屯子镇		3 934.22	4 601.75	142.05	47.63	8 725.65
王庄乡		7 040.26	297.8	1.13		7 339.25
卫贤镇	2.2	5 498.15	0.04			5 500.39
西岗镇		4 872.04				4 872.04
小河镇		5 431.45	1 524.72			6 956.17
新镇镇		7 968.35	285.83	17.38		8 271.55
总计	52.33	65 522.01	35 400.5	11 783.65	1 992.8	114 751.29

由表 3-33 可知，朝歌镇土壤有效锰含量最高，平均含量为 23.84mg/kg，黎阳镇含量最低，平均含量为 10.66mg/kg，各乡镇差别不很大。全市土壤有效锰含量在 15.1~30.0mg/kg 的面积最大，占总耕地面积的 57.1%；其次是含量在 12.1~15.0mg/kg 的土壤，占总耕地面积的 30.85% 含量大于 30.0mg/kg 区域面积很小，仅占总耕地面积 0.05%，含量 ≤10.0mg/kg 区域面积不大，占总耕地面积的 1.74%。根据《河南土壤》土壤资源评价分级标准，结合鹤壁市实际，可见目前鹤壁市土壤有效锰含量较丰富。

第四章 耕地地力评价方法与程序

第一节 耕地地力评价基本原理与原则

一、基本原理

根据农业部《测土配方施肥技术规范》和《耕地地力评价指南》确定的评价方法，耕地地力是指耕地自然属性要素（包括一些人类生产活动形成和受人类生产活动影响大的因素，如灌溉保证率、排涝能力、轮作制度、梯田化类型与年限等）相互作用所表现出来的潜在生产能力。本次耕地地力评价是以一个市域范围为对象展开的，因此，选择的是以土壤要素为主的潜力评价，采用耕地自然要素评价指数反映耕地潜在生产能力的高低。其关系式为：

$$IFI = b_1x_1 + b_2x_2 + \cdots\cdots + b_nx_n$$

IFI = 耕地地力指数；

b_1 = 耕地自然属性分值，选取的参评因素；

x_1 = 该属性对耕地地力的贡献率（也即权重，用层次分析法求得）。

用评价单元数与耕地地力综合指数制作累积频率曲线图，根据单元综合指数的分布频率，采用耕地地力指数累积曲线法划分耕地地力等级，在频率曲线图的突变处划分级别（图4-1）。根据 IFI 的大小，可以了解耕地地力的高低；根据 IFI 的组成，通过分析可以揭示出影响耕地地力的障碍因素及其影响程度。

二、耕地地力评价基本原则

本次耕地地力评价所采用的耕地地力概念是指耕地的基础地力，亦即由耕地土壤所处的地形、地貌条件、成土母质特征、农田基础设施及培肥水平、土壤理化性状等综合构成的耕地生产力。此类评价揭示是处于特定范围内（一个完整的市域）、特定气候（一般来说，一个市域内的气候特征是基本相似的）条件下，各类立地条件、剖面性状、土壤理化性状、障碍因素与土壤管理等因素组合下的耕地综合特征和生物生产力的高低，亦即潜在生产力。通过深入分析，找出影响耕地地力的主导因素，为耕地改良和管理利用提供依据。基于此，耕地地力评价所遵循的基本原则如下。

（一）综合因素与主导因素相结合的原则

耕地是一个自然经济综合体，耕地地力也是各类要素的综合体现。本次耕地地力评价所采用的耕地地力概念是指耕地的基础地力，亦即由耕地土壤所处的地形、地貌条件、成土母

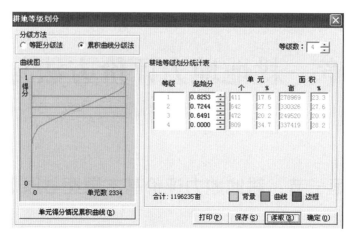

图 4 - 1　耕地地力等级划分示意

质特征、农田基础设施及培肥水平、土壤理化性状等综合构成的耕地生产力。所谓综合因素研究，是指对前述耕地立地条件、剖面性状、耕层理化性质、障碍因素和土壤管理水平 5 个方面的因素进行全面的研究、分析与评价，以全面了解耕地地力状况。所谓主导因素，是指在特定的市域范围内对耕地地力起决定作用的因素，在评价中要着重对其进行研究分析。因此，把综合因素与主导因素结合起来进行评价，既着眼于全市域范围内的所有耕地类型，也关注对耕地地力影响大的关键指标。以期达到评价结果反映出市域内耕地地力的全貌，也能分析特殊耕地地力等级和特定区域内耕地地力的主导因素，可为全市域耕地资源的利用提供决策依据，又可为低等级耕地的改良提供方向。

（二）稳定性原则

评价结果在一定的时期内应具有一定的稳定性，能为一定时期内的耕地资源配置和改良提供依据。因此，在指标的选取上必须考虑评价指标的稳定性。

（三）一致性与共性原则

考虑区域内耕地地力评价结果的可比性，不针对某一特定的利用类型，对于市域内全部耕地利用类型，选用统一的共同的评价指标体系。

同时，鉴于耕地地力评价是对全年的生物生产潜力进行评价，因此，评价指标的选择需要考虑全年的各季作物。

（四）定量和定性相结合的原则

影响耕地地力的土壤自然属性（如土壤质地等）和人为因素（如土壤养分含量很大程度上受耕作施肥的影响）中，既有数值型的指标，也有概念型的指标。两类指标都根据其对全市域内的耕地地力影响程度决定取舍。对数据标准化时采用相应的方法。原因是可以全面分析耕地地力的主导因素，为合理利用耕地资源提供决策依据。

（五）潜在生产力与实现生产力相结合的原则

耕地地力评价是通过多因素分析方法，对耕地潜力生产能力的评价，区别于实现的生产力。但是，同一等级耕地内的较高现实生产能力作为选择指标和衡量评价结果是否准确的参考依据。

（六）采用 GIS 支持的自动化评价方法原则

自动化、定量化的评价技术方法是评价发展的方向。近年来，随着计算机技术，特别是

GIS 技术在资源评价中的不断应用和发展，基于 GIS 的自动化评价方法已不断成熟，使土地评价的精度和效率大大提高。本次的耕地地力评价工作通过数据库建立、评价模型构建及其与 GIS 空间叠加等分析模型的结合，实现了全数字化、自动化的评价流程。

第二节　耕地地力评价技术流程

结合测土配方施肥项目开展市域耕地地力评价的主要技术流程有 5 个环节。

一、建立市域耕地资源数据库

利用 3S 技术，收集整理所有相关历史数据和测土配方施肥数据（从农业部统一开发的"测土配方施肥数据管理系统"中获取），采用与数据类型相适应、且符合"市域耕地资源管理信息系统"及数据字典要求的技术手段和方法，建立以市为单位的耕地资源基础数据库，包括属性数据库和空间数据库两类。

二、建立耕地地力评价指标体系

所谓耕地地力评价指标体系，包括 3 部分内容。一是评价指标，即从国家耕地地力评价选取的用于鹤壁市的评价指标；二是评价指标的权重和组合权重；三是单指标的隶属度，即每一指标不同表现状态下的分值。单指标权重的确定采用层次分析法，概念型指标采用特尔斐法和模糊评价法建立隶属函数，数值型的指标采用特尔斐法和非线性回归法，建立隶属函数。

三、确定评价单元

所谓耕地地力评价单元，就是指潜在生产能力近似且边界封闭具有一定空间范围的耕地。根据耕地地力评价技术规范的要求，此次耕地地力评价单元采用市级土壤图（到土种级）和土地利用现状图叠加，进行综合取舍和技术处理后形成不同的单元。

用土壤图（土种）和土地利用现状图（含有行政界限）叠加产生的图斑作为耕地地力评价的基本单元，使评价单元空间界线及行政隶属关系明确，单元的位置容易实地确定，同时同一单元的地貌类型及土壤类型一致，利用方式及耕作方法基本相同。可以使评价结果应用于农业布局等农业决策，还可用于指导生产实践，也为测土配方施肥技术的深入普及奠定良好基础。

四、建立市域耕地资源管理信息系统

将第一步建立的各类属性数据和空间数据按照农业部统一提供的"市域耕地资源管理信息系统 3.0 版"的要求，导入该系统内，并建立空间数据库和属性数据库联接，建成鹤壁市市域耕地资源管理信息系统。依据第二步建立的指标体系，在"市域耕地资源管理信息系统 3.0 版"内，分别建立层次分析权属模型和单因素隶属函数建成的市域耕地资源资源管理信息系统作为耕地地力评价的软件平台。

五、评价指标数据标准化与评价单元赋值

根据空间位置关系将单因素图中的评价指标，提取并赋值给评价单元。

六、综合评价

采用隶属函数法对所有评价指标数据进行隶属度计算，利用权重加权求和，计算出每一单元的耕地地力指数，采用耕地地力指数累积曲线法划分耕地地力等级，并纳入国家耕地地力等级体系中（图4-2）。

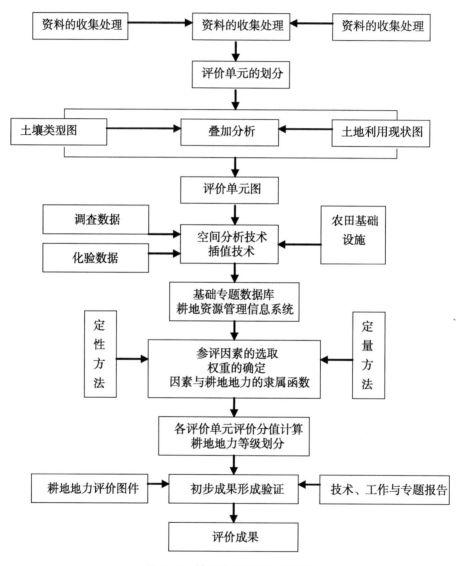

图4-2　耕地地力评价技术路线

七、撰写耕地地力评价报告

在行政区域和耕地地力等级两类中，分析耕地地力等级与评价指标的关系，找出影响耕

地地力等级的主导因素和提高耕地地力的主攻方向，进而提出耕地资源利用的措施和建议。

第三节　资料收集与整理

一、耕地土壤属性资料

采用全国第二次土壤普查时的土壤分类系统，但根据河南省土壤肥料站的统一要求，与全省土壤分类系统进行了对接。本次评价采用全省统一的土种名称。各土种的发生学性状与剖面特征、立地条件、耕层理化性状（不含养分指标）、障碍因素等性状均采用土壤普查时所获得的资料。对一些已发生了变化的指标，采用测土配方施肥项目野外采样的调查资料进行补充修订，如耕层厚度、地下水埋深等。基本资料来源于土壤图和土壤普查报告。

二、耕地土壤养分含量

评价所用的耕地耕层土壤养分含量数据均来源于测土配方施肥项目的分析化验数据。分析方法和质量控制依据《测土配方施肥技术规范》进行。分析化验方法见表4-1。鹤壁市土壤样品共测试分析13项（即土壤pH值、有机质、全氮、有效磷、速效钾、缓效钾、有效硫、有效铜、有效锌、有效铁、有效锰、有效硼、有效钼）。

表4-1　分析化验项目与方法

序号	项　目	方法
1	土壤值	电位法测定
2	土壤有机质	油浴加热重铬酸钾氧化容量法测定
3	土壤全氮	凯氏蒸馏法测定
4	土壤有效磷	碳酸氢钠—盐酸浸提——钼锑抗比色法测定
5	土壤缓效钾	硝酸提取——火焰光度计
6	土壤速效钾	乙酸铵浸提——火焰光度计
7	土壤有效硫	氯化钙浸提——硫酸钡比浊法测定
8	土壤有效铜、锌、铁、锰	DTPA浸提—原子吸收分光光度计法测定
9	土壤有效硼	沸水浸提——甲亚胺—H比色法测定
10	土壤有效钼	草酸—草酸铵浸提——极谱法测定

三、农田水利资料

由水利局提供的水资源供需测算、农田水利基础设施建设现状，同时收集市水利志，为报告编写提供依据。

四、社会经济统计资料

主要包括人口、土地面积、作物面积和单产，以及各类投入产出等社会经济指标数据。

市域行政区为最新行政区划。统计资料主要为 2006—2011 年的鹤壁市统计年鉴。

五、基础及专题图件资料

1∶5 万比例尺地形图、行政区划图、土地利用现状图、土壤图等基础图件，地貌类型分区图等专题图件。

六、野外调查资料

对农户施肥情况调查表、采样点调查表等进行了归纳整理，修订了已发生变化的地貌、地形等相关属性，建立了相关数据库。

七、其他相关资料

与评价有关的其他材料，包括鹤壁市志、行政代码表、气象条件、农业生产机械等。

八、资料来源

搜集的主要数据资料来源见表 4－2。

表 4－2　主要数据资料来源一览

编号	内容名称	来源
1	鹤壁市乡、村行政编码表	鹤壁市统计局
2	鹤壁市统计年鉴	鹤壁市统计局
3	市、乡、村农业基本情况统计表	鹤壁市统计局、农业局
4	鹤壁市土壤图	鹤壁市农业局
5	鹤壁市土壤	鹤壁市农业局
6	鹤壁市地貌类型图	鹤壁市农业局
7	各土种典型剖面理化性状统计表	鹤壁市农业局
8	鹤壁市行政区划图	鹤壁市民政局
9	土壤样品分析化验结果数据表	鹤壁市农业局
10	鹤壁市土地利用现状图	鹤壁市国土局
11	土地利用现状分类统计表	鹤壁市国土局
12	基本农田保护区统计表	鹤壁市国土局
13	鹤壁市地下水矿化度图	鹤壁市水利局
14	鹤壁市地下水埋深图	鹤壁市水利局
15	鹤壁市水利资料	鹤壁市水利局
16	鹤壁市志	鹤壁市志办
17	气象资料	鹤壁市气象局
18	农业机械资料	鹤壁市农机局

第四节 图件数字化与建库

耕地地力评价是基于大量的与耕地地力有关的耕地土壤自然属性和耕地空间位置信息，如立地条件、剖面性状、耕层理化性状、土壤障碍因素以及耕地土壤管理方面的信息。调查的资料可分为空间数据和属性数据，空间数据主要指鹤壁市的各种基础图件，以及调查样点的 GPS 定位数据；属性数据主要指与评价有关的属性表格和文本资料。为了采用信息化的手段进行评价和评价结果管理，首先需要开展数字化工作。根据《测土配方施肥技术规范》、市域耕地资源管理信息系统（3.0 版）要求，对土壤、土地利用现状等图件进行数字化，并建立空间数据库。

一、图件数字化

空间数据的数字化工作比较复杂，目前常用的数字化方法包括 3 种：一是采用数字化仪数字化法，二是光栅矢量化法，三是数据转换法。本次评价中采用了后两种方法。

光栅矢量化法以是以已有的地图或遥感影像为基础，利用扫描仪将其转换为光栅图，在 GIS 软件支持下对光栅图进行配准，然后以配准后的光栅图为参考进行屏幕光栅矢量化，最终得到矢量化地图。光栅矢量化法的步骤见图 4－3。

纸质地图 → 扫描转换 → 图像配准 → 图像矢量化 → 图件编辑

图 4－3 光栅矢量化的步骤

数据转换法是利用已有的数字化数据，利用软件转换工具，转换为本次工作要求的 ＊.shp格式。采用该方法是针对目前国土资源管理部门的土地利用图都已数字化建库，河南省大多数市都是 Mapgis 的数据格式，利用 Mapgis 的文件转换功能很容易将 ＊.wp/ ＊.wl/ ＊. wt 的数据转换为 ＊.shp 格式。此外 ArcGIS 和 Mapinfo 等 GIS 系统也都提供有通用数据格式转换等功能。

属性数据的输入是数据库或电子表格来完成的。与空间数据相关的属性数据需要建立与空间数据对应的联接关键字，通过数据联接的方法，联接到空间数据中，最终得到满足评价要求的空间～属性一体化数据库（图 4－4）。技术方法如下。

二、图形坐标变换

在地图录入完毕后，经常需要进行投影变换，得到统一空间参照系下的地图。本次工作中收集到的土地利用现状图采用的是高斯 3 度带投影，需要变换为高斯 6 度带投影。进行投影变换有两种方式，一种是利用多项式拟合，类似于图像几何纠正；另一种是直接应用投影变换公式进行变换。基本原理：

$$X' = f(x, y)$$
$$Y' = g(x, y) \qquad (4-1)$$

式中（4－1）：X'，Y' 为目标坐标系下的坐标，x，y 为当前坐标系下的坐标。

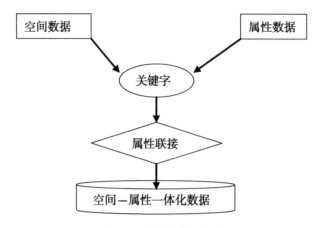

图4-4　属性联接方法

本次评价中的数据，采用统一空间定位框架，参数如下：

投影方式：高斯－克吕格投影，6度带分带，对于跨带的市进行跨带处理。

坐标系及椭球参数：北京54／克拉索夫斯基。

高程系统：1956年黄海高程基准。

野外调查GPS定位数据：初始数据采用经纬度并在调查表格中记载；装入GIS系统与图件匹配时，再投影转换为上述直角坐标系坐标。

三、数据质量控制

根据《耕地地力评价指南》的要求，对空间数据和属性数据进行质量控制。属性数据按照指南的要求，规范各数据项的命名、格式、类型、约束等。

空间数据达到最小上图面积$0.04cm^2$的要求，并规范图幅内外的图面要素。扫描影像数据水平线角度误差不超过0.2度，校正控制点不少于20个，校正绝对误差不超过0.2mm，矢量化的线划偏离光栅中心不超0.2mm。耕地和园地面积以国土部门的土地详查面积为控制面积。

第五节　土壤养分空间插值与分区统计

本次评价工作需要制作养分图和养分等值线图，这需要采用空间插值法将采样点的分析化验数据进行插值，生成全域的各类养分图和养分等值线图。

一、空间插值法简介

研究土壤性质的空间变异时，观察点和取样点总是有限的，因而对未测点的估计是完全必要的。大量研究表明，地统计学方法中半方差图和Kriging插值法适合于土壤特性空间预测，并得到了广泛应用。

克里格插值法（Kriging）也称空间局部估计或空间局部插值，它是建立在半变异函数理论及结构分析基础上，在有限区域内对区域化变量的取值进行无偏最优估计的一种方法。

克里格法实质上是利用区域化变量的原始数据和半变异函数的结构特点，对未采样点的区域化变量的取值进行线性无偏最优估计量的一种方法。更具体地讲，它是根据待估样点有限领域内若干已测定的样点数据，在认真考虑了样点的形状、大小和空间相互位置关系，它们与待估样点间相互空间位置关系，以及半变异函数提供的结构信息之后，对该待估样点值进行的一种线性无偏最优估计。研究方法的核心是半方差函数，公式为：

$$\bar{\gamma}(h) = \frac{1}{2N(h)} \sum_{\alpha=1}^{N(h)} [z(u_\alpha) - z(u_a + h)]^2$$

式中：h—样本间距，又称位差（Lag）；$N(h)$—间距为 h 的"样本对"数。

设位于 X_0 处的速效养分估计值为 $\hat{Z}(x_0)$，它是周围若干样点实测值 $Z(x_i)$，（$i=1$，2，…，n）的线性组合，即

$$\hat{Z}(x_0) = \sum_{i=1}^{n} \lambda_i z(x_i)$$

式中：$\hat{Z}(x_0)$—为 X_0 处的养分估计值；λ_i—为第 i 个样点的权重；$z(x_i)$—为第 i 个样点值。

要确定 λ_i 有两个约束条件：

$$\begin{cases} \min(Z(x_0) \sim \sum_{i=1}^{n} \lambda_i Z(x_i))^2 \\ \sum_{i=1}^{n} \lambda_i = 1 \end{cases}$$

满足以上两个条件可得如下方程组：

$$\begin{bmatrix} \gamma_{11} & \cdots & \gamma_{1n} & 1 \\ \vdots & \ddots & \vdots & \vdots \\ \gamma_{n1} & \cdots & \gamma_{nn} & 1 \\ 1 & \cdots & 1 & 0 \end{bmatrix} \bullet \begin{bmatrix} \lambda_1 \\ \vdots \\ \lambda_1 \\ m \end{bmatrix} = \begin{bmatrix} \gamma_{01} \\ \vdots \\ \gamma_{0n} \\ 1 \end{bmatrix}$$

式中：γ_{ij}—表示 x_i 和 x_j 之间的半方差函数值；m—拉格朗日值。

解上述方程组即可得到所有的权重 λ_i 和拉格朗日值 m。利用计算所得到的权重即可求得估计值 $\hat{Z}(x_0)$。

克里格插值法要求数据服从正态分布，非正态分布会使变异函数产生比例效应，比例效应的存在会使实验变异函数产生畸变，抬高基台值和块金值，增大估计误差，变异函数点的波动，甚至会掩盖其固有的结构，因此应该消除比例效应。此外，克里格插值结果的精度还依赖于采样点的空间相关程度，当空间相关性很弱时，意味着这种方法不适用。因此当样点数据不服从正态分布或样点数据的空间相关性很弱时，我们采用反距离插值法。

反距离法是假设待估未知值点受较近已知点的影响比较远已知点的影响更大，其通用方程是：

$$Z_0 = \frac{\sum_{i=1}^{s} Z_i \frac{1}{d_i^k}}{\sum_{i=1}^{s} \frac{1}{d_i^k}}$$

式中：Z_o是待估点 O 的估计值；Z_i是已知点 i 的值；d_i是已知点 i 与点 O 间的距离；s 是在估算中用到的控制点数目；k 是指定的幂。

该通用方程的含义是已知点对未知点的影响程度用点之间距离乘方的倒数表示，当乘方为 1（K＝1）时，意味着点之间数值变化率恒定，该方法称为线性插值法，乘方为 2 或更高则意味着越靠近已知点，该数值的变化率越大，远离已知点则趋于稳定。

在本次耕地地力评价中，还用到了"以点代面"估值方法，对于外业调查数据的应用不可避免的要采用"以点代面"法。在耕地资源管理图层提取属性过程中，计算落入评价单元内采样点某养分的平均值，没有采样点的单元，直接取邻近的单元值。

GIS 分析方法中的泰森多边形法是一种常用的"以点代面"估值方法。这个方法是按狄洛尼（Delounay）三角网的构造法，将各监测点 Pi 分别与周围多个监测点相连得到三角网，然后分别作三角网边线的垂直平分线，这些垂直平分线相交则形成以监测点 P 为中心的泰森多边形。每个泰森多边形内监测点数据即为该泰森多边形区域的估计值，泰森多边形内每处的值相同，等于该泰森多边形区域的估计值。

二、空间插值

本次空间插值采用 Arcgis9.2 中的 Geostatistical Analyst 功能模块完成。

测土配方施肥项目测试分析了全氮、速效磷、缓效钾、速效钾、有机质、pH 铜、铁、锰、锌等项目。这些分析数据根据外业调查数据的经纬度坐标生成样点图，然后将以经纬度坐标表示的地理坐标系投影变换为以高斯坐标表示的投影平面直角坐标系，得到的样点图中有部分数据的坐标记录有误，样点落在了市界之外，对此加以修改和删除。

首先对数据的分布进行探查，剔除异常数据，观察样点分析数据的分布特征，检验数据是否符合正态分布和取自然对数后是否符合正态分布。以此选择空间插值方法。

其次是根据选择的空间插值方法进行插值运算，插值方法中参数选择以误差最小为准则进行选取。

最后是生成格网数据，为保证插值结果的精度和可操作性，将结果采用 20m × 20m 的 GRID—格网数据格式。

三、养分分区统计

养分插值结果是格网数据格式，地力评价单元是图斑，需要统计落在每一评价单元内的网格平均值，并赋值给评价单元。

工作中利用 ArcGIS9.2 系统的分区统计功能（Zonal statistics）进行分区统计，将统计结果按照属性联接的方法赋值给评价单元。

第六节　耕地地力评价与成果图编辑输出

一、建立市域耕地资源管理工作空间

首先建立市域耕地资源管理工作空间，然后导入已建立好的各种图件和表格。详见耕地

资源管理信息系统章节。

二、建立评价模型

在市域耕地资源管理系统的支持下，将建立的指标体系输入到系统中，分别建立评价指标的权重模型和隶属函数评价模型。

三、市域耕地地力等级划分

根据耕地资源管理单元图中的指标值和耕地地力评价模型，实现对各评价单元地力综合指数的自动计算，采用累积曲线分级法划分市域耕地地力等级。

四、归入全国耕地地力体系

按 10%的比例数量，在各等级耕地中选取评价单元，调查此等级耕地中的近几年的最高粮食产量，经济作物产量按 XXXX 方法（规定）折算为粮食产量。将此产量数据加上一定的增产比例作为该级耕地的生产潜力。以生产潜力与《全国耕地类型区、耕地地力等级划分》（NY/T 309—1996）进行对照，市级耕地地力评价等级归入国家耕地地力等级。

五、图件的编制

为了提高制图的效率和准确性，在地理信息系统软件 ARCGIS 的支持下，进行耕地地力评价图及相关图件的自动编绘处理。鹤壁市的行政区划、河流水系、大型交通干道等作为基础信息，然后叠加上各类专题信息，得到各类专题图件。专题地图的地理要素内容是专题图的重要组成部分，用于反映专题内容的地理分布，并作为图幅叠加处理等的分析依据。地理要素的选择应与专题内容相协调，考虑图面的负载量和清晰度，应选择基本的、主要的地理要素。

对于有机质含量、速效钾、有效磷、有效锌等其他专题要素地图，按照各要素的分级分别赋予相应的颜色，同时标注相应的代号，生成专题图层。之后与地理要素图复合，编辑处理生成专题图件，并进行图幅的整饰处理。

耕地地力评价图以耕地地力评价单元为基础，根据各单元的耕地地力评价等级结果，对相同等级的相临评价单元进行归并处理，得到各耕地地力等级图斑。在此基础上，用颜色表示不同耕地地力等级。

图外要素绘制了图名、图例、坐标系高程系说明、成图比例尺、制图单位全称、制图时间等。

六、图件输出

图件输出采用两种方式，一是打印输出，按照 1∶5 万的比例尺，在大型绘图仪的支持下打印输出。二是电子输出，按照 1∶5 万的比例尺，300dpi 的分辨率，生成 ∗.jpg 光栅图，以方便图件的使用。

第七节　耕地资源管理信息系统的建立

一、系统平台

耕地资源管理系统软件平台采用农业部种植业管理司、全国农业技术推广服务中心和扬州市土肥站联合开发的"县域耕地资源管理信息系统 4.0"，该系统以市级行政区域内耕地资源为管理对象，以土地利用现状与土壤类型的结合为管理单元，对辖区内耕地资源信息采集、管理、分析和评价，是本次耕地地力评价的系统平台。增加相应技术模型后，不仅能够开展作物适宜性评价、品种适宜性评价，也能够为农民、农业技术人员以及农业决策者合理安排作物布局、科学施肥、节水灌溉等农事措施提供耕地资源信息服务和决策支持。系统界面见图 4 – 5。

图 4 – 5　系统界面

二、系统功能

"县域耕地资源管理信息系统 3"具有耕地地力评价和施肥决策支持等功能，主要功能包括：

（一）耕地资源数据库建设与管理

系统以 Mapobjects 组件为基础开发完成，支持 *.shp 的数据格式，可以采用单机的文件管理方式，与可以通过 SDE 访问网络空间数据库。系统提供数据导入、导出功能，可以将Arcview 或 ArcGIS 系统采集的空间数据导入本系统，也可将 *.DBF 或 *.MDB 的属性表格导入到系统中，系统内嵌了规范化的数据字典，外部数据导入系统时，可以自动转换为规范化的文件名和属性数据结构，有利于全国耕地地力评价数据的标准化管理。管理系统也能方便地将空间数据导出为 *.shp 数据，属性数据导出为 *.xls 和 *.mdb 数据，以方便其他相关应用。

　　系统内部对数据的组织分工作空间、图集、图层3个层次，一个项目市的所有数据、系统设置、模型及模型参数等共同构成项目市的工作空间。一个工作空间可以划分为多个图集，图集针对是某一专题应用，比如，耕地地力评价图集、土壤有质机含量分布图集、配方施肥图集等。组成图集的基本单位是图层，对应的是＊.shp文件，如土壤图、土地利用现状图、耕地资源管理单元图等，都是指的图层。

（二）GIS系统的一般功能

　　系统具备了GIS的一般功能，如地图的显示、缩放、漫游、专题化显示、图层管理、缓冲区分析、叠加分析、属性提取等功能，通过空间操作与分析，可以快速获得感兴趣区域信息。更实用的功能是属性提取和以点代面等功能，本次评价中属性提取功能可将专题图的专题信息，比如有机质含量等，快速地提取出来赋值给评价单元。

（三）模型库的建立与管理

　　专业应用与决策支持离不开专业模型，系统具有建立层次分析权重模型、隶属函数单因素评价模型、评价指标综合计算模型、配方施肥模型、施肥运筹模型等系统模型的功能。在本次地力评价过程中，利用系统的层次分析功能，辅助本市快速地完成了指标权重的计算。权重模型和隶属函数评价模型建立后，可快速地完成耕地潜力评价，通过对模型参数的调整，实现了评价结果的快速修正。

（四）专业应用与决策支持

　　在专业模型的支持下，可实现对耕地生产潜力的评价、某一作物的生产适宜性评价等评价工作，也可实现单一营养元素的丰缺评价。根据土壤养分测试值，进行施肥计算，并可提供施肥运筹方案。

三、数据库的建立

（一）属性数据库的建立

1. 属性数据的内容：根据鹤壁市耕地质量评价的需要，确立了属性数据库的内容，其内容及来源见表4-3。

表4-3　属性数据库内容及来源

编号	内容名称	来源
1	市、乡、村行政编码表	统计局
2	土壤分类系统表	土壤普查资料，省土种对接资料
3	土壤样品分析化验结果数据表	野外调查采样分析
4	农业生产情况调查点数据表	野外调查采样分析
5	土地利用现状地块数据表	系统生成
6	耕地资源管理单元属性数据表	系统生成
7	耕地地力评价结果数据表	系统生成

2. 数据录入与审核：数据录入前应仔细审核，数值型资料注意量纲上下限，地名应注意汉字多音字、繁简字、简全称等问题。录入后还应仔细检查，保证数据录入无误后，将数

据库转为规定的格式（DBF 格式文件），通过系统的外部数据表维护功能，导入到耕地资源管理系统中。

（二）空间数据库的建立

土壤图、土地利用现状图、调查样点分布图是耕地地力调查与质量评价最为重要的基础空间数据。分别通过以下方法采集：将土壤图和土地利用现状图扫描成栅格文件后，借助利用 MapGIS 软件进行手动跟踪矢量化形成土壤图数字化图层，图件扫描采用 300dpi 分辨率，以黑白 TIFF 格式保存。之后转入到 ArcGIS 中进行数据的进一步处理。在 ArcGIS 中将土地利用现状图分为农用地地块图（包括耕地和园地）和非农用地地块图，将农用地地块图与土壤图叠加得到耕地资源管理单元图。利用外业调查中采用 GPS 定位获取的调查样点经、纬度资料，借助 ArcGIS 软件将经纬度坐标投影转换为北京 54 直角坐标系坐标，建立鹤壁市耕地地力调查样点空间数据库。对土壤养分等数值型数据，根据 GPS 定位数据在 ArcGIS 软件支持下生成点位图，利用 ArcGIS 的地统计功能进行空间插值分析，产生各养分分布图和养分分布等值线。养分分布图采用格网数据格式，利用分区统计功能，将结果赋值给耕地资源管理单元图中的图斑。其他专题图，如有机质含量分区图等，采用类似的方法进行矢量采集（表 4 - 4）。

表 4 - 4　空间数据库内容及资料来源

序号	图层名	图层属性	资料来源
1	行政区划图	多边形	土地利用现状图
2	面状水系图	多边形	土地利用现状图
3	线状水系图	线层	土地利用现状图
4	道路图	线层	土地利用现状图 + 交通图修正
5	土地利用现状图	多边形	土地利用现状图
6	农用地地块图	多边形	土地利用现状图
7	非农用地地块图	多边形	土地利用现状图
8	土壤图	多边形	土壤图
9	系列养分等值线图	线层	插值分析结果
10	耕地资源管理单元图	多边形	土壤图与农用地地块图
11	土壤肥力普查农化样点点位图	点层	外业调查
12	耕地地力调查点点位图	点层	室内分析
13	评价因子单因子图	多边形	相关部门收集

四、评价模型的建立

将本市建立的耕地地力评价指标体系按照系统的要求输入系统中，分别建立耕地地力评价权重模型和单因素评价的隶属函数模型。之后就可利用建立的评价模型对耕地资源管理单图进行自动评价，如图 4 - 6 所示。

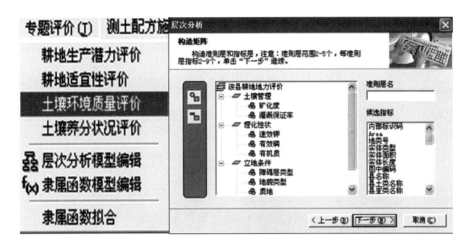

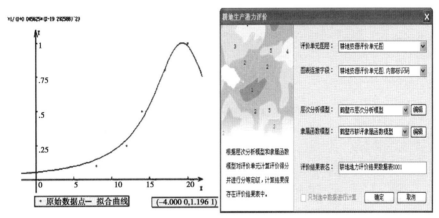

图4－6 评价模型建立与耕地地力评价示意

五、系统应用

（一）耕地生产潜力评价

根据前文建立的层次分析模型和隶属函数模型，采用加权综合指标法计算各评价单元综合分值，然后根据累积频率曲线图进行分级。

（二）制作专题图

依据系统提供的专题图制作工具，制作耕地地力评价图、有机质含量分布图图件。以土壤有机质为例进行示例说明，详见图4－7。

（三）养分丰缺评价

依据测土配方施肥工作中建立的养分丰缺指标，对耕地资源管理单元图中的养分进行丰缺评价。

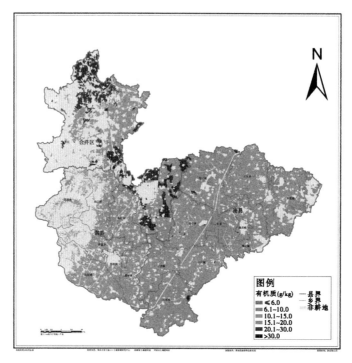

图 4 - 7　鹤壁市土壤有机质含量分布

第八节　耕地地力评价工作软、硬件环境

一、硬件环境

（1）配置高性能计算机。

CPU：奔腾 IV3.0Ghz 及同档次的 CPU。

内存：1GB 以上。

显示卡：ATI9000 及以上档次的示卡。

硬盘：80G 以上。

输入输出设备：光驱、键盘、鼠标和显示器等。

（2）GIS 专用输入与输出设备。

大型扫描仪：A0 幅面的 CONTEX 扫描仪。

大型打印机：A0 幅面的 HP800 打印机。

（3）网络设备。

包括：路由器、交换机、网卡和网线。

二、系统软件环境

（1）通过办公软件：Office2003。

（2）数据库管理软件：Access2003。

（3）数据分析软件：SPSS13.0。

（4）GIS 平台软件：ArcGIS9.2. Mapgis6.5。

（5）耕地资源管理信息系统软件：农业部种植业管理司和全国农业技术推广服务中心开发的县域耕地资源管理信息系统4.0 系统。

第五章 耕地地力评价指标体系

第一节 耕地地力评价指标体系内容

综合《测土配方施肥技术规范》《耕地地力评价指南》和"县域耕地资源管理信息系统4.0"的技术规定与要求，将选取评价指标、确定各指标权重和确定各评价指标的隶属度三项内容归纳为建立耕地地力评价指标体系。

首先，根据一定原则，结合鹤壁市农业生产实际、农业生产自然条件和耕地土壤特征从全国耕地地力评价因子集中选取，建立市域耕地地力评价指标集。其次，利用层次分析法，建立评价指标与耕地潜在生产能力间的层次分析模型，计算单指标对耕地地力的权重。最后，采用特尔斐法组织专家，使用模糊评价法建立各指标的隶属度。

第二节 耕地地力评价指标

一、耕地地力评价指标选取原则

（一）重要性原则

影响耕地地力的因素、因子很多，农业部测土配方施肥技术规范中列举了七大类64个指标。这些指标是针对全国范围的，具体到一个市的行政区域，必须在其中挑选对本地耕地地力影响最为显著的因子，而不能全选。鹤壁市选取的指标只有质地、地表砾石度、质地构型、耕层盐化程度、有机质、有效磷、速效钾、灌溉保证率、地貌类型、坡度10个因子。

（二）稳定性原则

选择的评价因子在时间序列上必须具有相对的稳定性。选择时间序列上易变指标，则会造成评价结果在时间序列上的不稳定，指导性和实用性差，而耕地地力若没有较为剧烈的人为等外部因素的影响，在一定时期内是稳定的。

（三）差异性原则

差异性原则分为空间差异性和指标因子的差异性。耕地地力评价的目的之一就是通过评价找出影响耕地地力的主导因素，指导耕地资源的优化配置。评价指标在空间和属性上没有差异，就不能反映耕地地力的差异。因此，在市级行政区域内，没有空间差异的指标和没有属性差异的指标，不能选为评价指标。如≥0 ℃积温、≥10 ℃积温、降水量、日照指数、光能辐射总量、无霜期都对耕地地力有很大的影响，但在鹤壁市市域范围内，这些因素差异很小或基本无差异，不能选为评价指标。

（四）易获取性原则

通过常规的方法即可以获取，如土壤养分含量、耕层厚度、灌排条件等。某些指标虽然对耕地生产能力有很大影响，但获取比较困难，或者获取的费用比较高，当前不具备条件。如土壤生物的种类和数量、土壤中某种酶的数量等生物性指标。

（五）精简性原则

并不是选取的指标越多越好，选取的太多，工作量和费用都要增加，还不能揭示出影响耕地地力的主要因素。一般 8～15 个指标能够满足评价的需要。鹤壁市共选择 10 个评价指标。

（六）全局性与整体性原则

所谓全局性，要考虑到全市所有耕地类型，不能只关注面积大的耕地，只要能在 1：5 万比例尺的图上能形成图斑的耕地地块的特性都需要考虑，而不能搞"少数服从多数"。

所谓整体性原则，是指在时间序列上，会对耕地地力产生较大影响的指标。如，排涝能力对耕地地力影响很大，但具体到鹤壁市，由于地势比较平坦，地下水位较深，强降水致灾成涝的概率特别低，则可以考虑不作为评价指标。

二、选取评价指标

采用特尔菲法，对影响耕地地力的立地条件、理化性状等指标进行了筛选。鹤壁市耕地地力评价指标由河南省土肥站、河南郑州大学和鹤壁市农业专家、水利专家组成的专家组进行筛选，专家组首先对指标进行分析，从全国耕地地力评价的七大类指标 64 种因子中选择其中的气候、地貌类型、地形部位、质地构型、田间持水量、潜水埋深、坡度、质地、容重、有机质、有效磷、速效钾、有效锌、有效铁、有效锰、有效铜、盐渍化程度、地表砾石度、灌溉保证率等 19 项因子作为鹤壁市耕地地力评价的拟选因子，逐一进行分析，对下列因子进行了排除，原因如下。

气候：全市基本一样，不作为评价因子。

地形部位：全市差异不大，不作为评价因子。

田间持水量：数据不易获取，不作为评价因子。

潜水埋深：全市有一定差异性，但不影响灌溉保证率，不作为评价因子。

容重：数据少、无法划分区域，不作为评价因子。

有效锌、铁、锰、铜：全市土壤有效铁、锰含量丰富；有效铜含量虽然较低，但在生产实践中对农作物生长没有明显不良影响，不作为评价因子。

最终一致选取了质地、质地构型、地表砾石度、盐渍化程度、有机质、有效磷、速效钾、灌溉保证率、地貌类型、坡度 10 个指标作为耕地地力评价的参评因子。

第三节 评价指标权重确定

一、评价指标权重确定原则

耕地地力受所选指标的影响程度并不一致，确定各因素的影响程度大小时，必须遵从全局性和整体性的原则，综合衡量各指标的影响程度，不能因一年一季的影响或对某一区域的影响剧烈或无影响而形成极端的权重。首先考虑两个因素在全市的差异情况和这种差异造成的耕地生产能力的差异大小，如土壤质地和质地构型的权重。鹤壁市土壤形成的黄河冲积母质上，土壤表层质地和一米土体内的质地构型具有稳定的、明显的、区域性差异，可以说两者都是决定耕地地力的最基本、最主要的评价指标，土壤的质地构型基本囊括了表层质地，故质地构型的权重要高于质地的权重。其次要考虑局部与全局的关系，如地下水矿化度指标的权重，虽然地下水矿化度过高对耕地地力影响很大，但地下水矿化度在全市耕地土壤中所占比例很小，故其权重应低于质地和质地构型。最后，要考虑特殊和一般的关系，比如有机质和有效磷，在某些极度缺磷的土壤上磷可能成为影响耕地地力的主要因素，但土壤有机质对土壤属性的影响是综合的、全面的，这并不能改变土壤有机质含量高低是土壤肥力高低的主要指标的基本规律，故评价耕地地力时有机质的权重要高于有效磷的权重。

二、评价指标权重确定方法

（一）层次分析法

本次鹤壁市耕地地力评价采用层次分析法，它是一种对较为复杂和模糊的问题做出决策的简易方法，特别适用于那些难于完全定量分析的问题。它的优点在于定性与定量的方法相结合，既考虑了专家经验，又避免了人为影响，具有高度的逻辑性、系统性和实用性。

用层次分析法作为系统分析，首先要把问题层次化，根据问题的性质和要达到的目标，将问题分解为不同的组成因素，并按照因素间的相互关联影响以及隶属关系将各因素按不同层次聚合，形成一个多层次的分析结构模型，并最终把系统分析归结为最低层相对于最高层的相对重要性权值的确定或相对优劣次序的排序问题。

在排序计算中，每一层次的因素相对上一层次某一因素的单排序问题又可简化为一系列成对因素的判断比较。为了将比较判断定量化，层次分析法引入 1~9 比率标度法，并写成矩阵形式，即构成所谓的判别矩阵。形成判别矩阵后，即可通过计算判别矩阵的最大特征根及其对应的特征向量，计算出某一层元素相对于上一层次某一元素的相对重要性权值。在计算出某一层次相对于上一层次各个因素的单排序权值后，用上一层次因素本身的权值加权综合，即可计算出某层因素相对于上一层整个层次的相对重要性权值，即层次总排序权值。

（二）层次分析法确定指标权重的步骤

采用层次分析法确定鹤壁市指标权重的步骤如下。

1. 建立层次结构：耕地地力为目标层（G层），影响耕地地力的立地条件、土壤养分、土壤管理为准则层（C层），再把影响准则层中各元素的项目作为指标层（A层），其结构关系如图5-1所示。

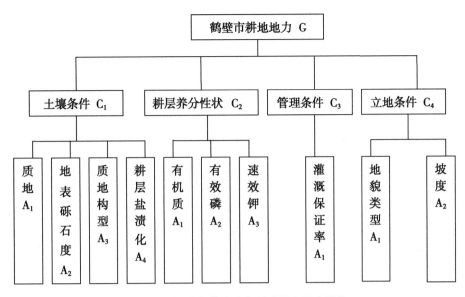

图 5-1 鹤壁市耕地地力影响因素层次结构

2. 构造判别矩阵：采用专家评估法，比较同一层次各因素对上一层次的相对重要性，给出数量化的评估。专家评估的初步结果经合适的数学处理后（包括实际计算的最终结果—组合权重）反馈给专家，请专家重新修改或确认。经多轮反复形成最终的判别矩阵。

确定 C 层对 G 层以及 A 层对 C 层的相对重要程度，共构成 A、C_1、C_2、C_3 4 个判别矩阵（表 5-2 至表 5-5）。

表 5-1 目标层 G 判别矩阵

项目	C_1	C_2	C_3	C_4
土壤条件 C_1	1.000 0	1.333 3	1.280 0	1.684 2
耕层养分 C_2	0.750 0	1.000 0	0.960 0	1.263 2
管理条件 C_3	0.781 2	1.041 7	1.000 0	1.315 8
立地条件 C_4	0.953 8	0.791 7	0.760 0	1.000 0

表 5-2 土壤条件 C_1 判别矩阵

项目	A_1	A_2	A_3	A_4
质地 A_1	1.000 0	2.000 0	1.333 3	4.000 0
质地构型 A_2	0.500 0	1.000 0	0.666 7	2.000 0
地表砾石度 A_3	0.750 0	1.500 0	1.000 0	3.000 0
盐渍化程度 A_4	0.250 0	0.500 0	0.333 3	1.000 0

表 5 - 3　理化性状 C_2 判别矩阵

项目	A_1	A_2	A_3
有机质 A_1	1.000 0	1.666 7	2.500 0
有效磷 A_2	0.600 0	1.000 0	1.000 0
速效钾 A_3	0.400 0	1.000 0	1.000 0

表 5 - 4　土壤管理 C_3 判别矩阵

项目	A_1
灌溉保证率 A_1	1.000 0

表 5 - 5　立地条件 C_4 判别矩阵

项目	A_1	A_2
地貌类型 A_1	1.000 0	1.500 0
坡度 A_2	0.666 7	1.000 0

3. 层次单排序及一致性检验：建立比较矩阵后，就可以求出各个因素的权值，采取的方法是用和积法计算出各矩阵的最大特征根 λ_{max} 及其对应的特征向量 W，利用 SPSS 等统计软件，得到的各权数值及一致性检验的结果如表 5 - 1，并用 $CR = CI / RI$ 进行一致性检验。

表 5 - 6　权数值及一致性检验结果

矩阵	特征向量				CI	CR	λ_{max}
矩阵 G	0.32	0.24	0.25	0.19	- 9.97E - 06	0.000 017 20 < 0.1	4.000 0
矩阵 C_1	0.128 0	0.064 0	0.096 0	0.032 0	5.99E - 05	0.000 000 00 < 0.1	4.000 0
矩阵 C_2	0.120 8	0.063 6	0.055 6		5.41E - 06	0.000 009 34 < 0.1	3.000 0
矩阵 C_3	0.250 0				8.14E - 06	0.000 009 05 < 0.1	1.000 0
矩阵 C_4	0.114 0	0.076 0			1.53E - 05	0.000 017 05 < 0.1	2.000 0

从表中可以看出，CR < 0.1，具有很好的一致性。

4. 层次总排序及一致性检验：计算同一层次所有因素对于最高层相对重要性的排序权值，称为层次总排序，这一过程是最高层次到最低层次逐层进行的。经层次总排序，并进行一致性检验，结果为 CI = 2.12E - 05，CR = 0.000 038 35 < 0.1，认为层次总排序结果具有满意的一致性，否则需要重新调整判别矩阵的元素取值，最后计算得到各因子的权重如表 5 - 7。

表5-7 各因子的权重

评价因子	质地	土壤剖面	地表砾石度	盐渍化程度	有机质	有效磷	速效钾	灌溉保证率	地貌类型	坡度
权重	0.19	0.1	0.06	0.06	0.16	0.1	0.06	0.22	0.05	0.076

第四节 评价因子隶属度的确定

一、指标特征

耕地地力评价涉及相互关联的许多自然要素和部分人为因素，这些要素有些是可以定量的，有些是概念型的。通常把评价指标分为概念型指标、数据型指标。鹤壁市所选取的十项指标是质地、地表砾石度、质地构型、盐渍化程度、有机质、有效磷、速效钾、灌溉保证率、地貌类型、坡度。属于概念型指标的是质地、地表砾石度、质地构型、盐渍化程度、灌溉保证率、地貌类型、坡度；属于数据型指标的是土壤有机质、土壤有效磷、土壤速效钾。

二、概念型指标隶属度

（一）质地：属概念型，无量纲

依据1984年土壤普查资料：鹤壁市中壤土占耕地总面积的24.5%，黏土（含重壤）占耕地总面积的7.7%，轻壤土占耕地总面积的43.0%，砂壤土占耕地总面积的21.2%，细砂土占耕地总面积的3.6%。土壤质地不同，其养分含量、耕性、保水保肥能力、供水供肥能力均有明显的差异。鹤壁市生产实践表明，在施肥水平相同、管理水平相似的情况下，耕地地力水平依次为：重壤土＞中壤土＞轻黏土＞轻壤土＞砂壤土＞中黏土。以此专家打分为表5-8。

表5-8 质地分类及其隶属度专家评估

质地	中壤土	重壤土	轻壤土	轻黏土	中黏土	砂壤土
隶属度	1	0.9	0.85	0.85	0.7	0.4

（二）质地构型：属概念型，无量纲

质地构型对土壤的理化生物学性状、耕作施肥、适种性以及土体中的水盐运行都有显著影响。影响鹤壁市质地构型的主要因素是成土母质，受黄河泛滥的影响，一米土体内有的质地均一，有的多层相间。鹤壁市质地构型共有20种，耕地地力水平依次为：黏底中壤＞黏身中壤＞夹黏中壤＞均质中壤＞黏身轻壤＞均质重壤＞壤质重壤＞黏底轻壤＞均质轻壤＞夹壤黏土＞砂底中壤＞黏底砂壤＞壤底砂壤＞砂底轻壤＞砂身黏土＞砂身轻壤＞夹壤砂壤＞均质砂壤＞壤身砂土＞均质砂土，以此专家打分为（表5-9）。

表5-9 质地构型分类及其隶属度专家评估（潮土类）

质地构型	黏底中壤	黏身中壤	夹黏中壤	均质中壤	黏身轻壤
隶属度	1	1	1	1	0.95
质地构型	壤底重壤	夹壤重壤	均质重壤	黏底轻壤	均质轻壤
隶属度	0.9	0.9	0.9	0.85	0.85
质地构型	砂底中壤	壤底轻壤	黏底砂壤	壤底砂壤	砂底轻壤
隶属度	0.81	0.8	0.6	0.6	0.6
质地构型	夹壤砂壤	砂身轻壤	壤身砂土	均质砂土	
隶属度	0.5	0.45	0.2	0.1	

（三）地表砾石度：属概念性，无量纲（表5-10）

表5-10 地表砾石度及其隶属度专家评估

地表砾石含量（%）	0	<5	5~10	10~30	30~70
隶属度	1	0.866 7	0.566 7	0.366 7	0.1

（四）盐渍化程度：属概念性，无量纲（表5-11）

表5-11 盐渍化程度及隶属度专家评估

盐渍化程度	无盐化	轻盐化	中盐化	重盐化	盐土
隶属度	1	0.85	0.65	0.4	0.1

（五）灌溉保证率：属概念型，无量纲（表5-12）

表5-12 灌溉保证率及其隶属度专家评估

灌溉保证率	>85	75~85	50~75	<50
隶属度	1	0.7	0.4	0.2

（六）地貌类型：属概念型，无量纲

地貌类型直接对土壤的耕作施肥、适种性有显著影响。鹤壁市的地貌类型主要分为平原、坡洼地、交接洼地、丘陵、低山5个类型，根据各种地貌对耕地质量的影响大小，专家打分为表5-13。

表5-13 地貌类型分类及其隶属度专家评估

地貌类型	平原	坡洼地	交接洼地	丘陵	低山
隶属度	1	0.8	0.75	0.5	0.1

（七）坡度：属概念型，无量纲（表5-14）

表5-14　坡度类型分类及其隶属度专家评估

坡度类型	<3	≥3	≥5	≥10	≥15	≥20
隶属度	1	0.9	0.8	0.6	0.3	0.1

三、数据型指标隶属度

（一）有机质：属数据型，单位 g/kg

有机质是土壤肥力高低的重要指标，一般而言，有机质含量越高耕地地力水平越高，在进行耕地地力评价时，把有机质含量分为5个等级，依次为20g/kg、17g/kg、14g/kg、12g/kg、8g/kg。以此专家打分为表5-15。

表5-15　有机质及其隶属度专家评估

有机质	20	17	14	12	8
隶属度	1	0.8	0.5	0.25	0.1

（二）有效磷：属数据型，单位 mg/kg

磷是农作物生长的必需养分元素，对耕地地力有直接和明显的影响，在进行耕地地力评价时，把有效磷含量分为5个等级，依次为30mg/kg、25mg/kg、20mg/kg、15mg/kg、8mg/kg。以此专家打分为表5-16。

表5-16　有效磷及其隶属度专家评估

有效磷	30	25	20	15	8
隶属度	1.00	0.80	0.50	0.30	0.10

（三）速效钾：属数据型，单位 mg/kg

钾是农作物生长的三大营养元素之一，对提高农产品品质和作物抗逆性有着重要作用，对耕地地力影响明显。在进行耕地地力评价时，把速效钾含量分为5个等级，依次为130mg/kg、110mg/kg、90mg/kg、70mg/kg、60mg/kg。以此专家打分为表5-17。

表5-17　速效钾及其隶属度专家评估

速效钾	130	110	90	70	60
隶属度	1.00	0.85	0.60	0.30	0.10

四、评价因子隶属函数的建立

我们将评价指标与耕地生产能力的关系分为戒上型函数、戒下型函数、峰值型函数、概念型函数和直线型函数5种类型。对地貌类型、质地构型、质地等概念型定性因子采用专家打分法，经过归纳、反馈、逐步收缩、集中，最后产生获得相应的隶属度。而对有机质、有效磷、速效钾等定量因子则采用 DELPHI 法根据一组分布均匀的实测值评估出对应的一组隶属度，然后在计算机中绘制这两组数值的散点图，再根据散点图进行曲线模拟，寻求参评因素实际值与隶属度关系方程从而建立起隶属函数。各参评因素的隶属度如表 5 - 18 所示。

表 5 - 18　参评因素的隶属度表

质地	中壤土	重壤土	轻壤土	轻黏土	中黏土	砂壤土
隶属度	1	0.9	0.85	0.85	0.7	0.4
质地构型	黏底中壤	黏身中壤	夹黏中壤	均质中壤	黏身轻壤	壤底重壤
隶属度	1	1	1	1	0.95	0.9
质地构型	夹壤重壤	均质重壤	黏底轻壤	均质轻壤	砂底中壤	壤底轻壤
隶属度	0.9	0.9	0.85	0.85	0.81	0.8
质地构型	黏底砂壤	壤底砂壤	砂底轻壤	夹壤砂壤	砂身轻壤	壤身砂土
隶属度	0.6	0.6	0.6	0.5	0.45	0.2
质地构型	均质砂土					
隶属度	0.1					
地表砾石含量（%）	0	<5	5～10	10～30	30～70	
隶属度	1	0.866 7	0.566 7	0.366 7	0.1	
盐渍化程度	无盐化	轻盐化	中盐化	重盐化	盐土	
隶属度	1	0.85	0.65	0.4	0.1	
灌溉保证率	>85	75～85	50～75	<50		
隶属度	1	0.7	0.4	0.2		
地貌类型	平原	坡洼地	交接洼地	丘陵	低山	
隶属度	1	0.8	0.75	0.5	0.1	
坡度类型	<3	≥3	≥5	≥10	≥15	≥20
隶属度	1	0.9	0.8	0.6	0.3	0.1
有机质	20	17	14	12	8	
隶属度	1	0.8	0.5	0.25	0.1	
有效磷	30	25	20	15	8	
隶属度	1	0.8	0.5	0.3	0.1	
速效钾	130	110	90	70	60	
隶属度	1	0.85	0.6	0.3	0.1	

　　本次鹤壁市耕地地力评价，通过模拟得到有机质、有效磷、速效钾属于戒上型隶属函数，然后根据隶属函数计算各参评因素的单因素评价评语。以有机质为例，模拟曲线如图 5 - 2 所示。

　　其隶属函数为戒上型，形式为：

Y＝1/（1+0.045 625*（X−19.292 588）^2）

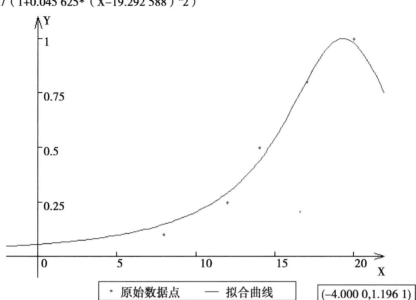

图5－2　有机质与隶属度关系曲线图

（注：X 值为数据点有机质含量值，Y 值表示函数隶属度）

$$y = \begin{cases} 0, & x \leqslant x_t \\ 1 / (1 + A * (x \sim C)^2) & x_t < x < c \\ 1, & c \leqslant x \end{cases}$$

各参评因素类型及其隶属函数如表5－19所示。

表5－19　参评因素类型及其隶属函数

函数类型	参评因素	隶属函数	a	c	u_t
戒上型	有机质（g/kg）	Y = 1 / (1 + A * (x ~ C)^2)	0. 000 845	19. 292 59	3
戒上型	有效磷（mg/kg）	Y = 1 / (1 + A * (x ~ C)^2)	0. 012 4	29. 338 57	3
戒上型	速效钾（mg/kg）	Y = 1 / (1 + A * (x ~ C)^2)	0. 045 6	123. 486 8	30

第六章 耕地地力等级

本次耕地地力评价，结合鹤壁市实际情况，选取 8 个对耕地地力影响比较大，区域内变异明显，在时间序列上具有相对稳定性，与农业生产有密切关系的因素，建立评价指标体系。以 1:5 万鹤壁市土壤图、鹤壁市土地利用现状图叠加形成的图斑为评价单元。应用农业部统一提供的市域耕地资源管理信息系统对全部耕地进行评价，将全市耕地划分为 4 个等级。

第一节 耕地地力等级及空间分布

一、耕地地力等级及面积

(一) 鹤壁市耕地地力等级及面积

鹤壁市耕地地力划分为 4 个等级。其中，一等地面积为 34 774.8 hm²，占全市耕地面积的 30.30%；二等地面积为 32 208.11 hm²，占全市耕地面积的 28.07%；三等地面积为 36 035.66 hm²，占全市耕地面积的 31.40%；四等级地面积为 11 732.64 hm²，占全市耕地面积的 10.22%（详见表 6-1、图 6-1）。

表 6-1 鹤壁市耕地地力评价结果面积统计

等级	1 等地	2 等地	3 等地	4 等地	总计
面积（hm²）	34 774.88	32 208.11	36 035.66	11 732.64	114 751.29
占总面积（%）	30.30	28.07	31.40	10.22	100.00

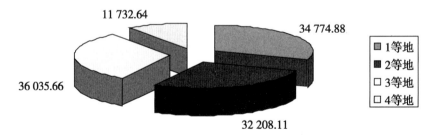

图 6-1 鹤壁市各等耕地比例

（二）归入全国耕地地力体系

耕地地力另一种表达方式，即以产量表达耕地地力水平。鹤壁市对等级耕地粮食产量进行专项调查，每个级别调查20个以上评价单元近3年的平均粮食产量，再根据鹤壁市该等耕地土壤稳定的立地条件（质地、质地构型等）状况，进行了潜力修正后，作为该级别耕地的粮食产量，然后与国家的耕地地力分级体系进行对接，归入全国耕地地力体系（见表6-2、表6-3）。

表6-2 全国耕地类型区耕地地力等级划分

地力等级	产量水平（全年单产）
一等地	大于13 500 kg/hm² （900kg/亩）
二等地	12 000~13 500kg/hm² （800~900 kg/亩）
三等地	10 500~12 000kg/hm² （700~800 kg/亩）
四等地	9 000~10 500kg/hm² （600~700 kg/亩）
五等地	7 500~9 000kg/hm² （500~600 kg/亩）
六等地	6 000~7 500kg/hm² （400~500 kg/亩）
七等地	4 500~6 000kg/hm² （300~400 kg/亩）
八等地	3 000~4 500kg/hm² （200~300 kg/亩）
九等地	1 500~3 000kg/hm² （100~200 kg/亩）
十等地	小于1 500 kg/hm² （100 kg/亩）

表6-3 鹤壁市分级等级与国家耕地地力等级对接

市级划分等级	国家耕地地力等级
1	
2	1
3	2
4	3

二、耕地地力空间分布

鹤壁市耕作管理水平较高，农业生产条件没有明显的地域性差异，决定耕地地力的主导因素是土壤自身的属性（主要是质地、质地构型、地形部位）。从空间分布上看，一、二等地集中分布在中部和东南部的冲积平原的重壤土、中壤土土区；三等地集中分布在西部的浅山丘陵区、中部的火龙岗和东部的砂壤土区；四等地集中分布在西部的山谷谷底、丘陵区具有砂姜砾石障碍层的褐土区和东部的砂壤土、砂土潮土区。总体来看，市域内耕地地力中部高于西部浅山丘陵区和东部砂土区（详见图6-2）。

（一）耕地地力行政区划分布情况

耕地地力行政区划分布情况是：一等地全市共有34 774.88hm²，各乡镇均有分布，其中合并区、小河镇、西岗村、卫贤镇和新镇镇等乡镇面积较大，分别占一等地面积的24.4%、13.4%、12.4%、10.4%和10.2%；二等地全市共有32 208.11hm²，各乡镇均有

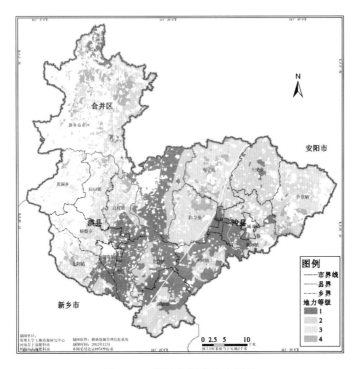

图 6 - 2　鹤壁市耕地地力评价

分布，其中面积较大的是合并区、王庄乡、善堂镇、黎阳镇、新镇镇，分别占二等地面积的21.7%、20.5%、9.3%、9.3%、8.6%；三等地全市共有 36 035.66hm² ，各乡镇均有分布，其中面积最大的是合并区、屯子镇、白寺乡、善堂镇和北阳镇，占三等地面积的 18.4%、17.4%、13.8%、12.2%、7.7%；四等地除朝歌镇、城关镇、农场、王庄乡、西岗镇外，各乡镇均有零星分布，面积最大的是合并区和屯子镇，分别占四等地面积的 37.24% 和11.99%；详细行政区划分布情况见表 6 - 4。

表 6 - 4　鹤壁市各乡镇耕地地力分级分布　　　　　　单位：hm²

乡镇	1 等地	2 等地	3 等地	4 等地	总计
白寺乡	602.93	353.35	4 985.45	1 161.38	7 103.11
北阳镇	1 985.66	1 155.69	2 776.96	889.99	6 808.31
朝歌镇	830.19	50.87	0.13		881.19
城关镇	234.63	319.93	101.69		656.24
高村镇	1 892.19	1 070.34	2 194.64	661.34	5 818.51
合并区	8 493.96	6 979.23	6 624.45	4 369.15	26 466.78
黄洞乡		254.13	706.15	649.45	1 609.73
黎阳镇	2 062.64	2 998.75	1 303.49	208.58	6 573.44
庙口镇		636.30	2 373.13	1 032.37	4 041.80
农场	767.59	110.29	2.93		880.81
桥盟乡	1 254.90	800.15	1 431.15	293.74	3 779.94

（续表）

乡镇	1 等地	2 等地	3 等地	4 等地	总计
善堂镇	46.09	3 003.00	4 381.52	1 035.77	8 466.38
屯子镇	41.87	982.74	6 294.35	1 406.68	8 725.65
王庄乡	420.36	6 593.12	325.77		7 339.25
卫贤镇	3 620.67	1 746.46	132.00	1.27	5 500.39
西岗镇	4 300.83	571.20			4 872.04
小河镇	4 658.97	1 800.48	480.74	15.97	6 956.17
新镇镇	3 561.41	2 782.08	1 921.11	6.96	8 271.55
总计	34 774.88	32 208.11	36 035.66	11 732.64	11 4751.29

（二）耕地地力在不同土种上的分布情况

不同的土壤有不同的土壤结构，土壤结构的好坏，对土壤肥力因素、微生物的活动、耕性等都有很大的影响，因此人们常常把土种类型和土壤质地构型作为评价耕地地力等级的重要指标。鹤壁市土种有 106 个，与省土种对接后，共有 59 个土种类型。其中面积较大的土种类型有壤质洪积褐土、底黏小两合土、淤土、脱潮小两合土、黏质潮褐土、砂壤土、深位多量砂姜洪积褐土、壤质潮褐土、厚层洪积褐土性土、壤质洪积石灰性褐土、脱潮底黏小两合土，面积分别为 23 056.47 hm²、11 223.05 hm²、9 086.93 hm²、8 708.70 hm²、6 093.78 hm²、4 798.77 hm²、4 560.37 hm²、4 407.69 hm²、4 046.42 hm²、3 924.06 hm²、3 606.62 hm²，合计 83 512.86hm²，占全市耕地面积的 72.78%。耕地壤质洪积褐土面积占全市耕地土壤面积的 20.1%，分布的耕地地力级别主要为一等地、二等地和三等地，分别为 5 780.2 hm²、4 431.13hm² 和 11 730.93hm²，三项合计占壤质洪积褐土面积的 95.17%。

耕地底黏小两合土面积占全市耕地土壤面积的 9.78%，分布的耕地地力级别主要为一等地和二等地，分别为 4 009.1hm² 和 6 681.43hm²，两项合计占淤土面积的 95.26%。

耕地淤土面积占全市耕地土壤面积的 7.92%，分布的耕地地力级别主要为一等地，共 6 373.55hm²，占淤土面积的 70.13%。

耕地脱潮小两合土占全市耕地土壤面积的 7.59%，分布的耕地地力级别主要为二等地，共 7 662.56hm²，占脱潮小两合土面积的 87.98%。

耕地黏质潮褐土占全市耕地土壤面积的 5.31%，分布的耕地地力级别主要为一等地和二等地，分别为 3 468.06hm² 和 1 587.96hm²，两项合计 5 056.02hm²，占黏质潮褐土面积的 82.97%。

耕地砂壤土占全市耕地土壤面积的 4.18%，分布的耕地地力级别为三等地，共 3 967.81hm²，占砂壤土面积的 82.68%。

耕地深位多量砂姜洪积褐土面积占全市耕地土壤面积的 3.97%，分布的耕地地力级别主要为三等地，共 3 273.6hm²，占深位多量砂姜洪积褐土面积的 71.78%。

耕地壤质潮褐土面积占全市耕地土壤面积的 3.84%，分布的耕地地力级别为一等地、二等地和三等地，合计为 4 406.29hm²，占壤质潮褐土面积的 99.97%。

耕地厚层洪积褐土性土面积占全市耕地土壤面积的 3.53%，分布的耕地地力级别主要为三等地和四等地，分别为 2 614.77hm² 和 1 343.93hm²，两项合计 3 958.7hm²，占黏质潮褐土面积的 97.83% 。

耕地壤质洪积石灰性褐土占全市耕地土壤面积的 3.42% ，主要分布的耕地地力级别为三等地和四等地，分别为 1 481.86hm² 和 1 775.31hm²，两项合计共 3 257.17hm²，占壤质洪积石灰性褐土面积的 83.01%

耕地脱潮底黏小两合土面积占全市耕地土壤面积的 3.14% ，分布的耕地地力级别为一等地和二等地，分别为 1 578.94hm² 和 1 754.89hm²，两项合计 3 333.83hm²，占脱潮底黏小两合土面积的 92.44% 。

从各级地在各类土种上分布面积分析，一等地主要分布在淤土、壤质洪积褐土、底黏小两合土、黏质潮褐土、壤质洪积潮土、黏质洪积褐土等土种上，其中淤土、壤质洪积褐土、底黏小两合土分别占一级地面积的 18.33% 、16.62% 和 11.53% ；二等地主要分布在脱潮小两合土、底黏小两合土、壤质洪积褐土、脱潮底黏小两合土、浅位壤淤土等土种上，其中脱潮小两合土、底黏小两合土和壤质洪积褐土占的比重较大，分别占二级地面积的 23.79% 、20.74% 和 13.76% ；三级地主要分布在壤质洪积褐土、砂壤土、深位多量砂姜洪积褐土、厚层洪积褐土性土、砂质潮土等土种上，其中壤质洪积褐土、砂壤土、深位多量砂姜洪积褐土分别占三级地面积的 32.55% 、11.01% 和 9.08% ；四级地主要分布在钙质石质土、壤质洪积石灰性褐土、厚层洪积褐土性土、壤质洪积褐土、少砾洪积石灰性褐土等土种上，其中钙质石质土、壤质洪积石灰性褐土和厚层洪积褐土性土占的面积较大，分别占四级地面积的 17.00% 、15.13% 和 11.45% （见表 6-5）。

表 6-5　鹤壁市各地力等级土种分布

省土种名称	1 等地	2 等地	3 等地	4 等地	合计
薄层洪积褐土性土				79.01	79.01
薄层石灰性冲积新积土				44.68	44.68
薄层石灰性红黏土			65.28	36.84	102.12
底壤砂壤质砂质脱潮土			15.38		15.38
底壤砂质潮土			152.57		152.57
底壤淤土	123.97	27.19	0.19		151.35
底砂两合土	290.81	42.97	65.52		399.30
底砂小两合土		319.80	237.65		557.46
底黏两合土		57.80			57.80
底黏砂壤质砂质脱潮土			18.80		18.80
底黏小两合土	4 009.10	6 681.43	268.52	264.00	11 223.05
多砾洪积石灰性褐土		37.72	58.94	0.20	96.86
多砾石灰性冲积新积土			78.41	120.32	198.73
钙质石质土		68.49	505.94	1 995.03	2 569.46
固定草甸风砂土			175.69	139.19	314.89
厚层堆垫褐土性土				6.34	6.34
厚层洪积褐土性土		87.71	2 614.77	1 343.93	4 046.42

（续表）

省土种名称	1 等地	2 等地	3 等地	4 等地	合计
厚层石灰性红黏土			58.79	27.98	86.77
黄土质黄褐土性土		35.37	0.01		35.38
两合土		83.49	57.48		140.97
氯化物轻盐化潮土		139.68			139.68
浅位多量砂姜洪积褐土	68.63	88.75	109.60	256.71	523.69
浅位钙质潮褐土		42.25	74.18		116.42
浅位厚黏两合土	270.27				270.27
浅位厚黏小两合土		54.94	113.49		168.43
浅位壤砂壤质砂质脱潮土			120.83		120.83
浅位壤砂质潮土		57.75	17.09		74.84
浅位壤淤土	306.92	1 619.81	184.78	20.65	2 132.17
轻壤质潮褐土		23.62	64.16	48.24	136.03
壤质潮褐土	1 663.73	1 088.10	1 654.46	1.41	4 407.69
壤质冲积湿潮土		1.71			1.71
壤质洪积潮土	3 297.67	83.30	5.89		3 386.85
壤质洪积褐土	5 780.20	4 431.13	11 730.93	1 114.21	23 056.47
壤质洪积石灰性褐土		666.89	1 481.86	1 775.31	3 924.06
砂壤土		366.11	3 967.81	464.85	4 798.77
砂壤质砂质脱潮土			18.49		18.49
砂质潮土			1 948.62	632.14	2 580.75
少砾洪积石灰性褐土		441.24	854.59	842.62	2 138.44
深位多量砂姜洪积褐土	102.37	518.47	3 273.60	665.92	4 560.37
深位钙盘潮褐土	13.36	500.76	178.18	436.38	1 128.68
苏打强碱化潮土		124.36			124.36
脱潮底砂两合土		17.38			17.38
脱潮底砂小两合土		82.23	38.12		120.35
脱潮底黏两合土	44.71		0.00		44.71
脱潮底黏小两合土	1 578.94	1 754.89	272.78		3 606.62
脱潮两合土	1 818.47	435.67	30.59	0.04	2 284.77
脱潮浅位厚砂小两合土			104.41		104.41
脱潮浅位厚黏两合土	36.17	109.50	2.66		148.34
脱潮浅位黏两合土			82.01		82.01
脱潮小两合土	187.98	7 662.56	835.00	23.17	8 708.70
脱潮淤土	28.17				28.17
小两合土	129.64	127.82	52.61		310.07
淤土	6 373.55	1 447.74	1 265.64		9 086.93

省土种名称	1 等地	2 等地	3 等地	4 等地	合计
黏质潮褐土	3 468.06	1 587.96	1 013.75	24.00	6 093.78
黏质冲积湿潮土		61.98			61.98
黏质洪积潮土	1 682.54	40.89			1 723.43
黏质洪积褐土	2 342.03	321.06	137.45	341.61	3 142.16
黏质洪积石灰性褐土	1 157.61	483.34	1 570.44	363.44	3 574.83
中层洪积褐土性土		384.24	457.72	664.39	1 506.34
总计	34 774.88	32 208.11	36 035.66	11 732.64	114 751.29

（三）耕地地力在不同质地上的分布情况

鹤壁市紧砂土地面积 3 073.53hm²，占耕地总面积的 2.68%，耕地地力等级主要为三等地和四等地，面积分别为 2 244.45 hm²、771.33hm²，分别占紧砂土耕地的 73.03%、25.1%。

轻壤土耕地面积 17 212.99hm²，占耕地总面积的 15%，耕地地力等级主要为一等地和二等地，分别为 5 939.63hm² 和 9 806.71hm²，分别占轻壤土耕地的 34.51%、56.97%。

轻黏土耕地面积 317.9hm²，占耕地总面积的 0.53%，耕地地力等级主要为二等地，为 241.70hm²，占轻黏土耕地的 69.42%。

重壤土耕地面积 12 988.8hm²，占耕地总面积的 21.48%，耕地地力等级主要为一等地和二等地，分别为 8 114.5hm² 和 2 264.7hm²，分别占重壤土耕地的 62.47%、17.44%。

砂壤土耕地面积 3 139.3hm²，占耕地总面积的 5.19%，耕地地力等级主要在四等地，分别为 3 007.2hm²，占砂壤土耕地的 95.79%。

紧砂土耕地面积 537.8hm²，占耕地总面积的 0.89%，耕地地力等级分布在四等地（见表 6-6）。

表 6-6　各等级质地分布面积统计

等级	质地	面积（hm²）	占总耕地面积（%）
1 等地	轻壤土	5 939.63	5.18
	轻黏土	307.03	0.27
	砂壤土	2.2	0.00
	中壤土	20 881.36	18.20
	重壤土	7 644.66	6.66
1 汇总		34 774.88	30.30
2 等地	紧砂土	57.75	0.05
	轻壤土	9 806.71	8.55
	轻黏土	1 620.99	1.41
	砂壤土	7 515.89	6.55
	中壤土	10 985.46	9.57
	重壤土	2 221.33	1.94
2 汇总		32 208.11	28.07

（续表）

等级	质地	面积（hm²）	占总耕地面积（%）
3 等地	紧砂土	2 244.45	1.96
	轻壤土	1 154.41	1.01
	轻黏土	224.87	0.20
	砂壤土	5 104.23	4.45
	中壤土	23 605.6	20.57
	重壤土	3 702.1	3.23
3 汇总		36 035.66	31.40
4 等地	紧砂土	771.33	0.67
	轻壤土	312.24	0.27
	轻黏土	44.66	0.04
	砂壤土	653.02	0.57
	中壤土	6 702.94	5.84
	重壤土	3 248.44	2.83
4 汇总		11 732.64	10.22
总计		114 751.29	100.00

（四）耕地地力在不同质地构型上的分布情况

各种土壤类型是在不同的成土条件下形成的，并且还在不断地发展和变化着，质地构型不同，耕地地力也有所不同。鹤壁市质地构型多样，共有 19 种质地构型，分别为夹壤砂壤、夹壤重壤、夹黏中壤、均质轻壤、均质砂土、均质中壤、均质重壤、壤底轻壤、壤底砂壤、壤底重壤、壤身砂土、砂底轻壤、砂底中壤、砂身轻壤、黏底轻壤、黏底砂壤、黏底中壤、黏身轻壤、黏身中壤。其中，一等地中质地构型包括夹壤重壤、均质轻壤、均质中壤、均质重壤、壤底重壤、砂底中壤、黏底轻壤、黏底中壤和黏身中壤，分布面积较大的是均质重壤、黏底轻壤和均质中壤，分别为 8 084.25hm²、5 588.04hm² 和 5 116.13hm²，总计占一等地耕地总面积的 93.11%；黏底中壤分布面积最小，为 44.71hm²，占一等地耕地总面积的 0.22%。二等地质地构型包括夹壤重壤、均质轻壤、均质中壤、均质重壤、壤底轻壤、壤底重壤、壤身砂土、砂底轻壤、砂底中壤、黏底轻壤、黏底砂壤、黏底中壤、黏身轻壤、黏身中壤，面积分布最多的是黏底轻壤、均质轻壤，面积分别为 8 436.32hm²、7 790.38hm²，总计占二级地耕地总面积的 75.82%，面积最少的是黏身轻壤，为 54.94hm²，占二等地耕地总面积的 0.26%。三等地中除没有壤底轻壤和黏底中壤这两种质地构型外，其他质地构型都有，其中分布面积较大的是均质砂土、黏底砂壤，面积分别为 2 124.31hm²、3 973.37hm²，总计占三等地耕地总面积的 60.74%，壤底重壤分布面积最小，仅为 0.19hm²，占三等地耕地总面积的 0.002%。四等地质地构型包括夹壤重壤、均质轻壤、均质砂土、均质中壤、黏底轻壤、黏底砂土，其中夹黏中壤分布面积较大的是均质砂壤、黏底砂土，为 771.33hm²、464.85hm²，总计占四等地耕地总面积的 80.06%；均质中壤占面积最小，仅为 0.04hm²，占四等地耕地总面积的 0.003%（见表 6－7）。

表 6 – 7　耕地地力在不同质地构型上的分布　　　　单位：hm²

质地构型	1 等地	2 等地	3 等地	4 等地	总计
夹壤砂壤			120.83		120.83
夹壤重壤	306.92	1 619.81	184.78	20.65	2 132.17
夹黏中壤			82.01		82.01
均质轻壤	317.62	7 790.38	887.61	23.17	9 018.77
均质砂土			2 124.31	771.33	2 895.64
均质中壤	5 116.13	604.17	93.96	0.04	5 814.3
均质重壤	8 084.25	1 550.61	1 265.64		10 900.51
壤底轻壤		139.68			139.68
壤底砂壤			186.44		186.44
壤底重壤	123.97	27.19	0.19		151.35
壤身砂土		57.75	17.09		74.84
砂底轻壤		402.04	275.77		677.81
砂底中壤	290.81	60.35	65.52		416.68
砂身轻壤			104.41		104.41
黏底轻壤	5 588.04	8 436.32	541.31	264	14 829.67
黏底砂壤		366.11	3 973.37	464.85	4 804.34
黏底中壤	44.71	182.16			226.87
黏身轻壤		54.94	113.49		168.43
黏身中壤	306.44	109.5	2.66		418.6
总计	20 178.89	21 401.01	10 039.39	1 544.04	53 163.35

（五）耕地地力与地表砾石度

地表砾石度在鹤壁市西部丘陵、低山的局部地区对耕地地力评价有一定的影响，鹤壁市地表砾石度主要分 4 个等级即多砾质、中砾质、少砾质和无地表砾石度，砾石含量分别为30% ~ 70%、10% ~ 30%、5% ~ 10% 和 < 5%。其中，一等地无砾石分布，二等地和三等地有局部少砾质和中砾质，多砾质、中砾质、少砾质主要分布在鹤壁市西部丘陵和低山区的四等地上。各等地地表砾石度分布详见表 6 – 8。

表 6 – 8　耕地地力等级在不同地表砾石度分布面积　　　　单位：hm²

地下水矿化度	1 等地	2 等地	3 等地	4 等地	总计
多		106.22	564.88	1 995.23	2 666.32
少	184.36	1 817.12	5 117.41	3 134.33	10 253.22
无	34 590.52	29 371.59	26 223.82	3 436.97	93 622.9
中		913.19	4 129.55	3 166.11	8 208.85
总计	34 774.88	32 208.11	36 035.66	11 732.64	114 751.29

第二节　耕地地力等级分述

一、一等地分析

（一）面积与分布

一等地面积为34 774.88hm²，占全市总耕地面积的30.3%。主要分布在合并区、小河镇、西岗镇、卫贤镇、新镇镇等乡镇（表6-9、表6-10）。

表6-9　各乡镇一等地质地分布面积　　　　　　　　　　　　　　单位：hm²

乡名称	紧砂土	轻壤土	轻黏土	砂壤土	中壤土	重壤土	总计
白寺乡	7.89				579.83	15.21	602.93
北阳镇					1 315.76	669.9	1 985.66
朝歌镇					830.19		830.19
城关镇	69.12				165.51		234.63
高村镇					1 892.19		1 892.19
合并区					3 860.08	4 633.88	8 493.96
黎阳镇	808.54	13.74			1 100.48	139.88	2 062.64
农场	1.01				754.31	12.26	767.59
桥盟乡					1 254.9		1 254.9
善堂镇	20.7	7.95			17.44		46.09
屯子镇	3.36				38.5		41.87
王庄乡	74.64	22.84			322.88		420.36
卫贤镇	1 567.77	0.11	2.2		1 426.47	624.12	3 620.67
西岗镇	185.77				3 102.43	1 012.63	4 300.83
小河镇	1 021.46	138.36			3 212.05	287.1	4 658.97
新镇镇	2 179.35	124.03			1 008.34	249.68	3 561.41
汇总	5 939.63	307.03	2.2		20 881.36	7 644.66	34 774.88

表6-10　一等地耕层养分含量

项目	最大值	最小值	平均值	标准差	变异系数
	8.40	7.50	7.99	0.103 329	0.012 94
全氮（g/kg）	1.79	0.72	1.10	0.195 524	0.178 332
速效钾（mg/kg）	303.00	56.00	139.75	38.472 33	0.275 292
有效磷（mg/kg）	50.70	7.40	15.47	4.449	0.287 615
有机质（g/kg）	22.90	10.40	18.08	2.153 726	0.119 104
缓效钾（mg/kg）	1 120	398	743.52	130.105 6	0.174 987

（续表）

项目	最大值	最小值	平均值	标准差	变异系数
有效铁（mg/kg）	20.01	2.46	8.05	3.255 902	0.404 614
有效锰（mg/kg）	33.53	4.00	16.80	4.187 756	0.249 337
有效锌（mg/kg）	3.86	0.60	1.53	0.456 157	0.297 172
有效铜（mg/kg）	3.48	0.60	1.46	0.448 622	0.307 61

（二）主要属性分析

一等地土壤质地以中壤土、重壤土和轻壤土为主，地形平坦，质地适中；质地构型以均质中壤、均质重壤为主，保水保肥、供水供肥能力强；地下水矿化度<1.5g/L，耕层无积盐现象，耕层土壤有机质、全氮、有效磷、缓效钾、速效钾、有效锌等含量均不同程度地高于全市平均水平，年亩产粮食1 000kg以上，为鹤壁市粮食高产区。存在的主要问题是：耕地产出多，土壤养分大量消耗，土壤钾素下降明显；部分地区氮肥投入过量，磷素含量地块间差异大；灌溉多为大水漫灌，水资源利用率低；淤土区质地较黏重，适耕期短，对整地出苗不利。

（三）合理利用

坚持用地养地相结合，增施有机肥，坚持秸秆还田，培肥地力，改善淤土耕性，进一步提高土壤养分含量，稳定作物产量，确保粮食安全。

进一步加强农田基础设施建设，建设标准粮田，实现节水灌溉。

扩大测土配方施肥面积，优化施肥结构，补充土壤缺素，协调土壤养分比例，满足高产栽培的要求。

二、二等地分析

（一）面积与分布

二等地面积为32 208.11hm²，占全市总耕地面积的28.07%，主要分布在合并区、王庄乡、善堂镇、黎阳镇、新镇镇等乡镇（表6-11、表6-12）。

表6-11　各乡镇二等地质地分布面积　　　　单位：hm²

乡名称	紧砂土	轻壤土	轻黏土	砂壤土	中壤土	重壤土	总计
白寺乡		0.02	1.77		345.56	6	353.35
北阳镇					1 155.69		1 155.69
朝歌镇					32.62	18.24	50.87
城关镇	29.34	17.6		271.54	1.44		319.93
高村镇					1 070.34		1 070.34
合并区				596.54	4 377.2	2 005.48	6 979.23
黄洞乡					254.13		254.13
黎阳镇	28.4	922.54	191.01	1 853.18	0.39	3.22	2 998.75
庙口镇					636.3		636.3

（续表）

乡名称	紧砂土	轻壤土	轻黏土	砂壤土	中壤土	重壤土	总计
农场		9.82	54.93		45.54		110.29
桥盟乡					800.15		800.15
善堂镇		879.68	399.66	1 445.6	209.57	68.5	3 003
屯子镇		670.68	53.38	110.41	148.27		982.74
王庄乡		4 099.14	517.88	1 788.53	184.13	3.45	6 593.12
卫贤镇		212.05	23.72	1 120.29	390.09	0.32	1 746.46
西岗镇		512.79			35.77	22.65	571.2
小河镇		1 150.38	245.73	75.25	235.67	93.46	1 800.48
新镇镇		1 332.01	132.92	254.55	1 062.6		2 782.08
汇总	57.75	9 806.71	1 620.99	7 515.89	10 985.46	2 221.33	32 208.11

表 6-12 二等地耕层养分含量

项目	最大值	最小值	平均值	标准差	变异系数
	8.50	7.60	8.03	0.107 019	0.013 33
全氮（g/kg）	1.80	0.78	1.07	0.165 411	0.154 075
速效钾（mg/kg）	316.00	41.00	129.17	36.095 16	0.279 43
有效磷（mg/kg）	36.70	5.60	15.56	4.338 469	0.278 757
有机质（g/kg）	24.70	6.70	17.18	2.699 962	0.157 131
缓效钾（mg/kg）	1 182	297	706.82	125.632 9	0.177 744
有效铁（mg/kg）	22.91	2.78	6.93	2.844 971	0.410 317
有效锰（mg/kg）	33.31	6.74	15.48	3.783 804	0.244 495
有效锌（mg/kg）	13.63	0.42	1.36	0.727 077	0.534 052
有效铜（mg/kg）	5.29	0.57	1.41	0.531 968	0.376 239

（二）主要属性分析

二等地土壤质地以中壤土、轻壤土和砂壤土为主，土壤质地适中；质地构型以均质中壤为主，质地构型好，保水保肥能力强；地下水矿化度<2.5g/L，耕层基本无盐化现象；耕地层土壤除有效磷含量与全市平均值持平外，有机质、全氮、有效磷、缓效钾、速效钾、有效锌等不同程度地高于全市平均值，增产潜力大，年亩产900~1 000kg。存在的主要问题和一等地相似，但提高土壤养分含量显得更为迫切。

（三）合理利用

以培肥地力为主，坚持秸秆还田，增施有机肥，科学施用化肥，加深耕作层，提高土壤养分含量。

进一步加强农田基础设施建设，建设标准粮田，实现节水灌溉。

扩大测土配方施肥面积，补充土壤缺素，协调土壤养分比例，满足高产栽培的要求。

三、三等地分析

（一）面积与分布

三等地面积为 36 035.66hm²，占全市总耕地面积的 31.4%，主要分布在合并区、屯子镇、白寺乡、善堂镇、北阳镇等乡镇（表6－13、表6－14）。

表6－13　各乡镇三等地质地分布面积　　　　　　　　　　　　单位：hm²

乡名称	紧砂土	轻壤土	轻黏土	砂壤土	中壤土	重壤土	总计
白寺乡		74.03	68.03		3 968.67	874.72	4 985.45
北阳镇			78.41		2 611.97	86.58	2 776.96
朝歌镇					0.13		0.13
城关镇				101.69			101.69
高村镇					2 188.8	5.85	2 194.64
合并区			10.73		4 961.02	1 652.7	6 624.45
黄洞乡					278.96	427.19	706.15
黎阳镇	249.97	166.94		786.21		100.37	1 303.49
庙口镇					2 325.37	47.76	2 373.13
农场		2.23			0.7		2.93
桥盟乡					1 387.28	43.87	1 431.15
善堂镇	1 870.57	222.45	0.81	2 086.81	4.32	196.58	4 381.52
屯子镇		308.04	153.81	28.12	5 735.84	68.54	6 294.35
王庄乡	106.3	23.64		189.43		6.39	325.77
卫贤镇		0.57		114.69	13.94	2.8	132
小河镇	17.62			256.16	46.59	160.37	480.74
新镇镇		358.74		1 451.98	82.01	28.38	1 921.11
汇总	2 244.45	1 154.41	224.87	5 104.23	23 605.6	3 702.1	36 035.66

表6－14　三等地耕层养分含量

项目	最大值	最小值	平均值	标准差	变异系数
	8.40	7.50	8.00	0.119 748	0.014 96
全氮（g/kg）	1.70	0.61	1.02	0.131 386	0.129 161
速效钾（mg/kg）	309.00	36.00	126.39	40.579 98	0.321 069
有效磷（mg/kg）	61.00	5.20	15.30	5.932 127	0.387 812
有机质（g/kg）	24.20	7.20	16.60	2.754 033	0.165 923
缓效钾（mg/kg）	1 170	303	688.48	119.702 8	0.173 867
有效铁（mg/kg）	24.41	2.64	7.68	3.593 777	0.468 174
有效锰（mg/kg）	33.47	6.66	15.54	3.671 77	0.236 276
有效锌（mg/kg）	8.84	0.39	1.24	0.510 125	0.410 035
有效铜（mg/kg）	7.41	0.31	1.48	0.785 732	0.531 717

（二）主要属性分析

三等地土壤质地以中壤土为主，轻壤土和砂壤土也占较大比重；质地构型以均质中壤为主；耕层理化性状较好，耕性良好，有的土体构型也很好，保水保肥能力尚强；地下水矿化度大部分地区 <2.5g/L，部分地区耕层有盐积层现象；土壤耕层基本无盐化现象；耕地土壤除有效磷含量与全市平均值持平外，有机质、全氮、有效磷、缓效钾、速效钾、有效锌等含量较全市平均水平略低，微量元素含量与全市平均水平持平，年亩产 800~900kg。存在的主要问题是：土壤养分含量不能满足高产栽培的要求、水资源利用率低、种植结构不尽合理、盐碱化土壤对作物生长仍有不利影响。

（三）合理利用

增施有机肥，坚持秸秆还田，改善盐碱化土壤的理化性状，培肥地力。

科学施肥，根据土壤分析结果因缺补缺，提高土壤养分含量。

进一步加强农田基础设施建设，建设标准粮田，实现节水灌溉。

调整种植结构，适当发展花生等经济作物。

四、四等地分析

（一）面积与分布

四等地面积为 11 732.64hm²，占全市总耕地面积的 10.22%。主要分布在合并区、屯子镇、白寺乡、善堂镇、庙口镇等乡镇（表6－15、表6－16）。

表6－15 各乡镇四等地质地分布面积　　　　　单位：hm²

乡名称	紧砂土	轻壤土	轻黏土	砂壤土	中壤土	重壤土	总计
白寺乡	0	74.58	24	0	931	131.8	1 161.38
北阳镇	0	0	0	164.99	603.6	121.4	889.99
高村镇	0	0	0	0	543.11	118.23	661.34
合并区	0	0	0	23.17	3 133.33	1 212.64	4 369.15
黄洞乡	0	0	0	0	34.28	615.16	649.45
黎阳镇	112.1	0	0	94.96	0	1.51	208.58
庙口镇	0	0	0	0	471.71	560.66	1 032.37
桥盟乡	0	0	0	0	104.81	188.93	293.74
善堂镇	659.23	0	0	362.93	0	13.61	1 035.77
屯子镇	0	222.83	20.65	0	881.11	282.08	1 406.68
卫贤镇	0	0	0	0	0	1.27	1.27
小河镇	0	14.83	0	0	0	1.15	15.97
新镇镇	0	0	0	6.96	0	0	6.96
汇总	771.33	312.24	44.66	653.02	6 702.94	3 248.44	11 732.64

表 6 – 16　四等地耕层养分含量统计

项目	最大值	最小值	平均值	标准差	变异系数
	8.50	7.60	7.97	0.104 11	0.013 069
全氮（g/kg）	1.51	0.60	0.96	0.085 943	0.089 292
速效钾（mg/kg）	337.00	41.00	130.19	41.316 19	0.317 351
有效磷（mg/kg）	61.00	5.10	13.86	5.673 554	0.409 329
有机质（g/kg）	23.90	4.00	16.57	2.500 691	0.150 9
缓效钾（mg/kg）	1 144	271	686.29	126.704 3	0.184 621
有效铁（mg/kg）	21.61	2.70	8.38	3.286 785	0.392 325
有效锰（mg/kg）	33.49	6.70	15.61	4.035 11	0.258 473
有效锌（mg/kg）	4.25	0.40	1.31	0.481 79	0.368 08
有效铜（mg/kg）	7.02	0.36	1.53	0.721 969	0.471 165

（二）主要属性分析

四等地以市西北、中部垄岗区的褐土区和市东北的黄河故道区，以中壤土和重壤土为主；土质松散，宜耕期长，耕性好，土温上升快，但保水保肥性差；地下水矿化度多数地区<2.5g/L；耕层土壤养分含量低于全市平均值，年亩产 600～700kg。存在的主要问题是：洪积褐土漏水漏肥，干旱缺水；重壤土，养分含量低，灌溉用水资源利用率低。

（三）合理利用

以培肥地力为主，搞好秸秆还田，增施有机肥，提高土壤养分含量。

增施磷钾肥，氮肥按照"少食多餐"原则分期施用，以防作物后期脱肥。

进一步加强农田基础设施建设，建设标准粮田，实现节水灌溉，以水调肥。

用养结合，因土种植，宜粮则粮，宜油则油。

第七章　耕地资源利用类型区

第一节　耕地资源类型划分原则

不同耕地土壤有着不同的性态特征，耕地资源利用类型区是根据当地的土壤组合，自然条件（包括地貌、地下水、水文等），主要生产问题（障碍因素和有利条件）以及改良利用方向和措施的基本一致性来划分的。在同一区域内再根据局部的差异提出相应的对策。它既不是这些个别因素的分类或分区，也不是这些因素静止的归纳和重叠，而是以经济、有效地利用耕地资源为目的，根据这些因素的内在联系进行整体的综合分区。

第二节　分区概述

根据鹤壁市分区的原则，将全市划分为 4 个类型区。

一、西部山地林牧区 (I)

本区属太行山的余脉石质山岭的一部分，包括合并区西部、淇县的黄洞乡全部和庙口、桥盟、北阳三乡镇的西部。本区自然条件较差，山高坡陡，沟壑纵横，海拔 100～200m 相对高差多在 200～400m，土薄石厚，地形破碎，地瘠人贫，林木复被率只有 5.6%，水土流失严重，只能利用沟底和平缓凹坡作为耕地，农业生产受到限制，该区耕地绝大部分属于三四等耕地。该区种植业不发达，经常受旱灾威胁，产量低而不稳。粮食作物以玉米、谷子、红薯等杂粮为主，小麦仅占播种面积的 26%，经济作物面积更小，只占 3%。该区是鹤壁市柿子、核桃、花椒、大枣等干鲜水果的集中产区，采矿业是主要副业门路。

目前，存在的主要问题是干旱缺水，土地瘠薄，土壤肥力低，保水保肥性能差，影响了本区生产潜力的发挥。

针对本区特点，提出以下改良措施。

(1) 因地制宜地调整农业生产结构。在指导思想上要明确本区以林牧为主的方针，制定切实可行的林牧业发展规划，把立足点从以粮为主的生产体制，逐步转移到以林牧业生产为主的轨道上来。与此同时，搞好山区梯田建设，平整土地，加深耕层，走有机旱作之路，培肥地力，建设稳产高产田。

(2) 大搞植树造林，绿化荒山，保持水土。把不适合种粮的陡坡耕地退耕还林，并解决好林牧矛盾，实行封山育林。

（3）合理利用牧草资源，积极发展畜牧业。

（4）积极发展以采矿、中草药种植、林牧业产品加工为主的工副业生产，开展多种经营，建立合理的山区农村经济结构。

（5）兴修水土保持工程，解决用水困难。根据山区干旱、水土流失严重的特点，在采取生物措施进行治理的同时，要修谷坊、打堰坝、挖旱井和蓄水池，建设水平梯田，开挖鱼鳞坑和水平沟，减少水土流失，解决人畜吃水困难。

二、卫共沿岸黄潮土防洪排涝培肥改良区（II）

该区包括小河、新镇、城镇、国营浚县农场、部队农场全部、王庄、城关镇大部分，白寺乡、屯子镇的部分地区西岗乡的南部，北阳乡的东部，以及桥盟和城关的一部分，西岗乡的南部，北阳乡的东部，以及桥盟和城关的一部分。土壤表层质地以中壤土、轻壤土为主，土壤理化性状好，地形平坦，质地适中，土体构型好，熟化度高，保水保肥、供水供肥能力强，耕层深厚，耕层土壤有机质、有效磷、速效钾、有效锌、水溶态硼含量均不同程度地高于全市平均水平，是鹤壁市的一等地和二等地主要分布区，也是鹤壁市的粮食主产区。缺点是地势低洼。

按照此区特点提出以下改良措施。

（1）健全各条排涝渠系和抗洪设施，防洪水倒灌，积极发展灌溉，科学用水，提高灌溉质量，降低灌溉成本。

（2）因土种植，合理轮作，用养结合。本土区在作物种植上长期是粮食作物占绝对优势，地力损耗大。在作物布局上，以小麦、玉米、棉花等作物为重点，同时注意与豆科作物轮作；适当压缩粮食作物种植面积，扩种花生、蔬菜等作物。最终把本区调整建设成为粮、油、经综合发展的高产稳产区。

（3）采取综合措施，培肥地力。要扩大养地作物面积，适当种植绿肥作物、豆科作物和油料作物，做到生物固氮、以地养地，大力沤制四合肥料和沼气肥，提高有机质质量，做到秸秆还田，积极发展林牧业，提供较多的优质粗肥，要科学使用化肥大面积推广配方施肥，提高化肥利用率，降低粮食成本。

三、中北部火垄岗褐土性土水土保持区（III）

该区位于鹤壁市浚县的中北部，包括白寺、屯子两乡大部，以及淇县的位于山区以东，京广铁路以西，地貌类型属山前丘陵和倾斜平原，包括庙口镇的东部、高村镇的西部、桥盟和北阳乡的中部。该区地貌属于垄岗地形，地势较高，沟壑纵横。该区虽然土质较好，但土层较薄，漏水漏肥，干旱缺水，植被稀疏，水土流失严重。

针对本区特点，提出以下改良措施。

（1）搞好水土保持，减少土壤冲刷。

（2）加强水利设施建设，扩充水源，做到汛期蓄水，旱时应用，打井配套，扩大灌溉面积，建设旱涝保收稳产田。立足客观实际，走有机旱作农业道路。

（3）大力推广秸秆还田技术，增施有机肥，培肥土壤，提高土壤抗旱能力。

（4）大力发展农田基础设施，增加灌溉面积。

四、中部洪积——冲积平原褐土、潮褐土高产培肥区（Ⅳ）

本区位于鹤壁市中部，包括浚县火垄岗以西的卫贤镇全部，新镇、小河部分地区，以及淇县的高村、桥盟乡的东部、城关大部、西岗乡的北部和北阳乡的铁路沿线地区。该区土地大致平坦，耕作历史悠久，农业机械化程度高，土壤熟化程度高，土层厚，土质好，土壤养分含量较高，该区以渠灌为主，大部分地区地下水源充足，为鹤壁市粮棉高产区。但是，本区人多地少的矛盾较突出，增产潜力小，各村农业发展的情况不平衡。

针对上述特点该区改良措施如下。

（1）要充分发挥该区地下水源充沛优势，发展井灌，采取井渠结合，搞好水利配套，提高园田化水平。对于盐碱地，排灌结合，防止土壤返盐。

（2）搞好秸秆还田，提高肥料质量，增施有机肥，这是夺取高产的基础。

（3）推广测土配方施肥，平衡氮磷钾比例，合理使用化肥，以无机促有机，改善土壤结构，增加土壤养分、平衡土壤养分含量。节本增效，保护生态环境。

（4）提高田间机械化作业程度，适墒耕作。淤土土质黏重，适耕期短，加强田间机械化作业程度是提高耕作质量，合理利用土壤的有效措施。

（5）推广先进的农业科学技术，科学种田，在保证粮食高产、稳产及粮食生产安全的前提下，提高产品质量。

（6）发展畜牧产品的商品生产。本区虽然没有草场资源，但作物秸秆较多。应利用青贮、醣化、发酵、配合等技术，做到统合多层次利用，过腹还田，发展牛、猪、鸡、兔等动物。不仅发展役用牛，还要发展肉牛、奶牛。改良猪种，繁殖瘦肉型猪。提倡圈养山绵羊，防止啃青或毁树。搞好蛋用、肉用、兼用鸡的饲养。提高商品率，最大限度地满足城乡人民对肉、蛋、奶、毛、皮等畜产品日益增长的需要。

五、市东南部黄河故道风砂土造林固砂改良区（Ⅴ）

本区分布在善堂镇的大部分、王庄乡的东部、城关镇东南部。第二次土壤普查时面积22 235.56hm²，占全市总土壤面积的23.76%。该区地貌类型主要有黄河故道砂丘、砂垄和丘间洼地，砂岗、坡洼相间分布，中小地型起伏不平。该区地下水位2~6m。目前存在的主要问题是风砂灾害频繁，干旱缺水，土壤肥力低，保水保肥性能差，影响了本区生产潜力的发挥。

针对此区特点，提出下列改良措施。

（1）全面规划，综合治理，改造与利用相结合，因地制宜，生物措施与工程措施相结合，造林种草与保护巩固现有种植相结合的工作原则。

（2）进一步完善水利设施，发展灌溉，提高抗旱排涝能力。本区地势起伏不平，排涝不畅，而砂土又不易储水保墒，要充分利用现有水源，推广喷灌，提高水利化水平和园田化水平。

（3）平整土地，果农综合利用，植树造林，发展果木，合理利用砂丘、砂垄和砂土地。砂地营造农田防护林体系，大力发展农果间作和农林间作，规模化发展经济林和林下经济，是固定砂丘、利用砂丘的根本措施。

（4）本着因地制宜、适当集中的原则，调整作物分布，扩大花生种植面积，推广先进农业技术，提高单位面积产量。

（5）充分利用自然资源，大力发展养殖业，广开肥源，增加有机肥料。增施有机肥是改造砂土地物理性状不良的有效措施。开展因土配方施肥，指导合理施用化肥，改变土壤养分失调状况。本区是全市低产区，化肥分配要合理调配，以充分发挥斤肥增产效益。砂土地保肥性能差，作物后期易脱肥，追肥应注意多次少施、分期追肥。

第三节　中低产田改良

一、中低产田面积及分布

此次耕地地力评价结果，鹤壁市耕地地力划分为 4 个等级。其中一等地、二等地为高产田，耕地面积为 66 982.99 hm^2，占全市耕地面积的 58.37%；三等地为中产田，耕地面积为 36 035.66 hm^2，占全市耕地面积的 31.40%；四等地为低产田，耕地面积为 11 732.64 hm^2，占全市耕地面积的 10.22%。

按照这个级别划分，鹤壁市中低产田面积合计为 47 768.3 hm^2，占全市耕地面积的 41.63%。其中：中产田面积为 36 035.66 hm^2，占中低产田总面积的 75.44%。低产田面积为 11 732.64 hm^2，占中低产田总面积的 24.56%。

鹤壁市的中低产田在全市的分布区域为屯子镇、白寺乡、善堂镇的大部分，新镇镇部分、王庄乡、黎阳镇、城关镇的小部分是中低产田。各乡镇中低产田面积分布情况详情见下表。

表 7-1　鹤壁市各乡镇中低产田分布

乡　镇	中产田面积（hm^2）	低产田面积（hm^2）	中低产田合计（hm^2）	乡镇耕地面积（hm^2）	中低产田占总面积（%）
白寺乡	1 831.72	4 329.61	6 161.33	7 121.12	86.52
城关镇	205.67		205.67	660.83	31.12
黎阳镇	1 681.63	790.7	2 472.33	6 561.38	37.68
农场	3.58		3.58	894.77	0.40
善堂镇	2 787.94	4 318.3	7 106.24	8 227.65	86.37
屯子镇	1 498.93	6 547.86	8 046.79	8 784.07	91.61
王庄乡	2 001.48	259.42	2 260.9	7 409.06	30.52
卫贤镇	396.06	8.86	404.92	5 512.55	7.35
小河镇	347.66	38.59	386.25	7 062.83	5.47
新镇镇	1 958.51	482.17	2 440.68	8 238.84	29.62
合计	12 713.18	16 775.51	29 488.69	60 473.1	48.76

从表中来看，屯子镇低产田面积占总面积的 91.61%，白寺乡低产田占全乡总土地面积的 86.52%，善堂镇低产田占全乡总土地面积的 86.37%。屯子镇、白寺乡是鹤壁市的垄岗

地区，地势较高，土层较薄，土体中有砂姜出现，土壤养分含量较低，地下水位较高，农田灌溉保证率低，水是限制农业发展的主要因素。善堂镇部分土壤质地是砂土、砂壤土，有机质和矿质养分贫乏，质地粗，结构差，水肥气热极不协调，漏水漏肥，是粮食低产的主要原因。

二、中低产田改良

改造中低产田，要根据具体情况抓住主要矛盾，消除障碍因素。认真总结过去中低产田改造经验，采取政策措施和技术措施相结合，农业措施和工程措施相配套，技术落实和物化补贴相统一的办法，做到领导重视，政府支持，资金有保障，技术有依托，使中低产田改造达到短期有改观，长期大变样的目的。

改造中低产田，要摸清低产原因，分析障碍因素，因地制宜采取措施。根据中华人民共和国农业行业标准 NY/T 310—1996，结合鹤壁市的具体情况可将中低产田类型划分为坡地梯改型、障碍层次型、干旱灌溉型、盐碱耕地型 4 种类型。

（一）坡地梯改型

坡地梯改类型区主要分布在鹤壁市西部的山地和浅山丘陵区，该区包括合并区西部、黄洞乡和庙口镇、桥盟乡、北阳镇 3 个乡镇的西部浅山区，由山及山间阶地、沟壑构成，土壤的成土母质主要是残积、坡积物，山间价地多为洪积物。本区干旱缺水，土层瘠薄，水土流失严重。不少山坡基岩裸露，只能利用沟底和平缓凹坡作为耕地，农业生产受到限制。丘陵区依据坡度和松散物覆盖状况分为碎石土层覆盖的陡坡丘陵和土层覆盖的缓坡丘陵。前者覆盖层一般都很薄，多为荒坡，有少部分林地，后者土层覆盖 2~8m，多含砾石。本区域内水资源缺乏，干旱矛盾突出，绝大部分地块无水利灌溉条件，常年种植小麦、玉米、大豆、红薯等作物，其粮食产量水平低，大部分为一年一熟，有部分一年两熟，常常是种不保收。

改良利用意见：

第一，实施坡地改为梯田工程，建设水平梯田，减少水土流失，增加土壤耕层厚度。

第二，修建蓄水池，保存自然降水。

第三，推广抗旱作物品种与栽培技术，走有机旱作之路，增加谷子、红薯等耐旱作物的播种面积，增施有机肥，改善土壤结构。

第四，退耕还林，发展林果业。发展种植柿树、核桃、山楂、樱桃、苹果、枣树、花椒树等经济林树种和侧柏、油松、五角枫、黄栌等生态林树种。

第五，实施配方施肥技术，协调氮、磷、钾养分比例，提高肥料利用率。

（二）障碍层次型

土壤剖面构型上有严重缺陷的耕地，如土体过薄、剖面 1m 内有沙漏、砾石、黏盘、铁子、铁盘、砂姜等障碍层次。障碍程度包括障碍层物质组成、厚度、出现部位等。

本次地力评价结果属四等地分布区，是鹤壁市低产田，分布在合并区西北部、淇县庙口镇和北阳镇、桥盟乡、高村镇的京广铁路以西丘陵地带以及浚县屯子、白寺两个乡镇，此区地貌属垄岗地形，土壤质地以中壤土、重壤土为主。耕层质地为中壤土、重壤土，质地较重，土体中有砂姜，漏水漏肥，由于地形部分较高，地下水位较深，干旱缺水是影响该地区农业生产的关键因子。

主要障碍因素：保水保肥性差，养分含量低，水资源少，农田灌溉保证率低。

改良利用意见：

第一，加强农田基础设施建设，建设标准粮田，实现节水灌溉，提高单井灌溉效率，做到以水调肥。

第二，以培肥地力为主，增施有机肥料，实行秸秆还田，改良土壤结构，结合测土配方施肥，合理使用无机肥，培肥地力，从而达到提高土壤养分含量的目的。

第三，推广旱作节水技术，采用秸秆覆盖，地膜覆盖进行保墒。

第四，调整种植结构，依据土壤特性，发展特色产业，结合集成配套的先进栽培技术，实现用养结合。

（三）干旱灌溉型

由于降水量不足或季节分配不合理，缺少必要的调蓄工程，以及由于地形、土壤原因造成的保水蓄水能力缺陷等原因，在作物生长季节不能满足正常水分需要，同时又具备水资源开发条件，可以通过发展灌溉加以改造的耕地。

本次地力评价结果属二等地和三等地，位于鹤壁市东部及东南黄河故道区，是鹤壁市中低产田区，此区地貌属黄河故道冲积平原，土以砂质潮土、砂壤土、脱潮小两合土、小两合土和固定草甸风砂土为主。

主要障碍因素：土壤质地粗，结构不良，水分和养分的保蓄能力很低，水肥气热诸因素不协调。

改良利用意见：

第一，植树造林，防风固砂。目前，虽然砂丘已固定，但鉴于风砂土颗粒粗，土壤结持力差，易遭风蚀的特点，该区仍应把植树造林，防风固砂作为首要措施。否则，一旦风砂再起，不仅严重影响本土区农林产业，而且还要殃及相邻土区。

第二，强化灌溉设施建设，增加机井密度，减小单井灌溉面积，缩短灌溉周期，推广节水灌溉技术，提高保灌能力，在善堂镇推广林农间作，发展以果树为主的林农间作。

第三，普及推广小麦留高茬，麦糠、麦秸覆盖技术，实行秸秆还田，增加秸秆还田量，利用一切所能利用的有机肥源，增施有机肥，提高土壤有机质含量，改良土壤结构，提高土壤保蓄水肥的能力。

（四）盐碱耕地型

本次地力评价结果多为三等地，位于鹤壁市西南的新镇镇，是鹤壁市中产田。土壤质地以轻壤土、中壤土为主，耕层理化性状较好，耕性良好，土体构型50cm以下有720cm的黏土层，保水保肥能力强。经过多年的培肥改良，加之地下水位迅速下降，表层积盐现象已不明显。

主要障碍因素：地势低洼，地下水矿化度高，部分土壤表层还有积盐现象。

改良利用意见：

第一，增施有机肥，坚持秸秆还田，改善盐碱化土壤的理化性状，培肥地力。

第二，科学施肥，根据土壤分析结果因缺补缺，提高土壤养分含量。

第三，进一步加强农田基础设施建设，排灌结合，防止土壤返盐；发展引黄灌溉，改善地下水水质，建设标准粮田，实现节水灌溉，发展现代农业。

第八章 耕地资源合理利用的对策与建议

第一节 耕地利用现状与特点

一、耕地利用现状

据土地部门资料，2011 年全鹤壁市耕地总面积 114 751.29hm²，约 80% 的耕地为井灌，20% 的为河灌。总人口 158.51 万人，农业人口 103.85 万人，全市人均耕地 1.08 亩，农业人口人均耕地 1.66 亩。

据《2011 年统计年鉴》，全市农作物播种面积 189 720 万亩，复种指数 190%。其中粮食作物播种面积 162 230hm²，占总播种面积的 85.5%；油料作物播种面积 14 230hm²，占7.5%；棉花播种面积 940hm²，占 0.5%；蔬菜播种面积 10 920hm²，占 5.76%。在粮食作物中小麦面积 87 000hm²，总产 596 744t，单产 6.88t/hm²；玉米 72 930hm²，总产 503 008t，单产 7.37t/hm²。在油料作物中，花生面积 11 780hm²，总产 56 471t，单产 5.56t/hm²。棉花总产 600t，单产 1.19t/hm²。

二、耕地利用特点

（一）人均耕地少，复种指数较高

鹤壁市地处豫北平原，是农业大市，农业人口多，人均占有耕地面积少；复种指数高，用地养地矛盾大。

（二）耕地利用以粮食作物为主，经济效益偏低

农业生产以粮食作物为主，主要种植小麦和玉米，少量种植谷子、红薯、大豆、绿豆等，占农作物种植面积的 80% 以上；经济作物及其他作物种植面积很小。经济作物主要种植有油菜、花生等油料作物，其他作物种植主要是蔬菜、瓜类等。鹤壁市作物分布有着明显的地域差异，小麦、玉米粮食作物种植主要在平原和泊洼区，谷子、红薯、大豆、绿豆等小杂粮和经济作物种植主要在山区和丘陵区。

全市粮食作物实行以小麦—玉米一年两熟为主的种植制度。

第二节　耕地资源合理配置与种植业结构调整

　　根据耕地资源特点、现有基础和发展潜力，本着区别差异性、归并同一性、保持行政区划完整性和推进农业产业化的原则，以农业增产、农民增收和农村稳定为目标，以提高农业的产出能力、加工转化能力、抗御自然灾害能力和科技带动能力为主线，通过科技水平的提高、产业链条的延伸、现代要素的引进、市场机制的强化和服务体系的建立，大幅度提高耕地综合生产能力，促进传统农业向现代农业的转变。

　　全市农业总体发展规划布局是：因地制宜，分区布局，扬长避短，发挥优势，逐步形成特色区域，加快壮大特色农业和重点产业，进一步提高农业规模效益和农产品市场竞争力。

一、优化调整种植业结构，大力发展特色农业

　　在保持现有粮食生产能力的前提下，按照因地制宜的原则，宜粮则粮、宜油则油、宜棉则棉、宜菜则菜、宜果则果，大力发展优质专用粮食作物、高效经济作物，打造地方特色农业。

（一）着力打造中部和东南部优质高产粮食核心区

　　本区位于鹤壁市中部的西岗镇全部，高村镇、朝歌镇大部，北阳镇、桥盟乡中、东部西南部，以及鹤壁市东南部的卫贤、小河、新镇3个乡镇，土壤质地以重壤土、中壤土和轻壤土为主，土壤理化性状好，是鹤壁市的一等地和二等地主要分布区，田林路渠配套，水利设施齐全。该区重点放在提高耕地产出能力上，实行技术、物资和劳动集约，最大限度地提高单位面积效益，主攻单产增加总产，实现高产再高产，通过抓好建设万亩高产创建示范方和百亩高产创建攻关田，进一步强化小麦、玉米单产面积和总产量在全国市级第一的领先地位。逐步扩大优质小麦、玉米等粮食作物的种植面积，打造优质小麦、玉米生产基地，确保粮食生产安全。

（二）建设中部及西北部优质优势杂粮生产基地

　　本区位于鹤壁市合并区东部、淇县东部及浚县东北部的垄岗上，包括庙口镇大部，北阳镇、桥盟乡中部，高村镇西部，屯子镇、白寺乡。土壤质地以中壤土和重壤土为主，土质较黏，宜耕期短，耕性稍差，土壤通透性弱，耕层稍薄，并含有砂姜及砾石，土壤养分含量一般，但该区地下水位较深，水资源缺乏，是鹤壁市的四等地分布区。这一区域适宜小杂粮种植，主要种植制度为小麦—玉米，小麦—绿豆、小麦—甘薯、小麦—谷子等，本区应在抓好种植小麦、玉米及小杂粮等粮食作物的同时，重点发挥果树优势发展林果业，主要种植苹果、柿子、核桃、梨、大枣和无核枣等多种果树。搞好旱作农业规划，搞好林果规划和农果间作。

（三）大力发展西部山地林牧区

　　本区位于恶鱼脑、老虎寨、尖山、金牛岭一线以西，属太行山余脉石质山岭的一部分。包括黄洞乡的全部，庙口镇、桥盟乡和北阳镇西部，共22个行政村。本区自然条件较差，山高坡陡，沟壑纵横，海拔200～100m，相对高差多在200～400m，土薄石厚，岩石裸露，水土流失严重，荒山面积大，交通不便，地瘠人贫。

本区种植业不发达，耕地少且零星，多为山间梯田，经常受旱灾威胁，产量低而不稳。本区草场面积大，牛、羊多，畜牧业发达。

本区要抓好山区高产梯田建设，走旱作之路，配肥地力，建设稳产高产田，力争粮食自给。树立以林牧发展为主的方针，重点抓好林牧业生产。合理规划，把不适合种粮食的陡坡耕地，退耕还林还牧，实行封山育林。合理布局，营造用材林、经济林、水源涵养林和薪炭林。加大草山草坡建设，合理规划利用牧草资源，建设人工草场，积极发展畜牧业。发展中草药种植和林牧产品加工生产，开展多种经营。抓好本地特色旅游业开发和矿产资源开发，大力发展旅游业和矿产资源开发。兴修水土保持工程，解决用水困难。搞好山区交通建设，活跃山区经济。

（四）建设东北部优质花生和优势果品生产基地

本区位于鹤壁市东北部的黄河故道区，主要是善堂镇，省级无公害产品基地，土壤质地以砂土、砂壤土和轻壤土中的砂质潮土为主，土质松散，宜耕期长，耕性好，土壤通透性强，土温上升快，但保水保肥性差，耕层土壤养分含量较低，是鹤壁市的四等地分布区。这一区域适宜花生生长和优质大枣生长，主要种植制度为小麦—花生（大枣），适宜发展油料和果品商品基地，搞好林网规划，特别是要搞好果林规划，搞好农果间作。

二、强力推进农业产业化经营，努力提高农业产出水平

把农业产业化经营作为提高农业综合生产能力的一个重要途径抓紧抓好。按照"龙头＋基地＋农户"的运营模式，实施农业产业化发展战略，抓好优势产业，扶大扶强龙头企业，规范农产品交易市场，强化协会运作，打造农产品品牌，进一步加强引导，加大投入，政策扶持，强力推进农业产业化经营上规模、上档次、上水平，大幅度提高农业产出水平。

大力推进种养加、产供销、农工商一体化运作，构建农业生产过程完整的"产前、产中、产后"产业化经营体系。拓展投资渠道，加大投入力度，做强做大龙头企业，抓好农产品的加工转化。引导农民参与产业化经营，走集约化、专业化生产的路子。推广订单农业，发展公司加农户、中介组织加农户、专业协会加农户等多种组织形式。建立健全科学合理的利益分配机制，推动龙头企业、基地和农户，通过合同契约、股份合作、价格保护和服务、返还利润等多种形式，形成紧密的利益共同体。加强信息网络和销售网络建设，广泛搜集信息，畅通销售渠道，为农业产业化提供强有力的销售保障。

三、加强农业基础设施建设，进一步改善农业生产条件

积极争取国家项目，充分利用项目专项资金，以农业综合开发和标准粮田等项目建设为契机，加快农田水利基础设施建设，发展节水灌溉，进一步改善农业生产条件，增强农业发展后劲，提高耕地综合生产能力。

四、加快农村沼气建设，开发新型有机肥

实施农村户用沼气工程，着力扶持沼气建设先进乡（镇），建造庭院厕所、畜禽舍、沼气池三结合系统，促进农村生态环境的改善，充分利用沼渣、沼液等新型有机肥，减少化肥农药的施用量，增加土壤有机质含量，改善土壤物理性状，增加作物对营养物质的利用和吸

收，显著提高土壤肥力，促进农业持续增产。

五、加强农业服务体系，为农业发展提供强力支持

适应农业区域化、规模化和产业化发展的要求，加强农业发展的综合配套体系建设，结合"科技人员进百村入万户"活动，建立一支强有力的农业科技队伍，为农业发展提供强有力的技术支持。

（一）构建科技服务体系

开拓科技服务体系创新改革思路，进一步提升农业科技服务水平，增强服务实力和服务功能，充分发挥其在全市农技推广工作中的带动作用，利用建立的服务体系搞好技术服务，提升农业科技贡献率。

（二）打造农业市场信息体系

加快实施农业信息化工程，扶持龙头企业和种养大户上网，扩大网上交易。建立有效的农业服务平台，开展农事指导、发布供求信息、传播典型经验。

（三）建立完善农产品流通体系

完善各类农民合作组织、农产品中介服务组织，加快农产品批发交易市场建设，对已建好的农产品批发市场进一步完善其功能，提高辐射带动能力，构建内联千家万户，外接国内外市场的农产品流通体系。

（四）加强农产品检测体系建设

加快农产品检测体系建设步伐，全面开展无公害农产品质量安全监测工作。推广无公害农业生产技术，扩大无公害农产品生产基地规模，实施农业标准化生产，实行农产品质量安全市场准入制度。

（五）完善农业执法管理体系

做好《中华人民共和国农产品质量安全法》《鹤壁市农产品质量安全管理办法》《鹤壁市农产品质量安全市场准入工作实施方案》《农药管理条例》等农业法律法规的宣传工作，提高全民法律意识，积极开展农资生产、销售市场监管，定期开展农业执法检查，把好无公害农产品生产投入品监管关，落实农资生产经营备案和准入制度，规范农资市场。

第三节　科学施肥

鹤壁市通过测土配方施肥项目的实施，对全市土壤养分含量进行了全面测试，根据土壤养分含量、作物需肥规律和小麦、玉米 3414 试验结果，结合专家意见，把全市划分为 5 个配方施肥区，分别为洪积冲积平原褐土控氮增磷补钾区，洪积倾斜平原褐土增氮增磷培肥区，黄河故道潮土增氮增磷补钾培肥区，卫河流域与交接洼地潮土稳氮增磷补钾区，山区褐土增氮增磷培肥区。

一、洪积冲积平原褐土控氮增磷补钾区

该区地势平坦，土壤肥沃，是鹤壁市的高产稳产田。但在施肥上仍存在着氮肥过量，钾肥投入不足的问题。施肥重点是增施有机肥和磷、钾肥，逐步培肥地力，控氮增磷补钾，调整氮、磷钾比例，维持养分平衡，普及优化测土配方施肥技术。

施肥建议：

小麦建议应施有机肥 3.5 方以上，目标产量在 450 ~ 550kg，建议施氮 12.0 kg/亩、五氧化二磷 8.0kg/亩、氧化钾 4.5kg/亩；目标产量在 >550kg，建议施纯氮 14.0 kg/亩、五氧化二磷 9.0kg/亩、建议施氧化钾 6.0kg/亩。N：P 比 1：（0.5 ~ 0.6）为宜，氮肥 50% ~ 60% 底施，沙土地 40% ~ 50% 底施，其余看苗施肥，土壤质地较轻的土壤保水保肥能力差，中后期易脱肥，可叶面喷施 2% 的尿素溶液 50kg/亩。

玉米目标产量小于 500kg，建议施氮 12.0kg/亩、五氧化二磷 3.0kg/亩、氧化钾 2.0kg/亩；目标产量 >500kg，建议施氮 14.0 kg/亩、五氧化二磷 4.0kg/亩、氧化钾 3.0kg/亩；目标产量大于 600kg，建议施氮 16.0 kg/亩、五氧化二磷 5.0kg/亩、氧化钾 5.0kg/亩。

二、洪积倾斜平原褐土增氮增磷培肥区

该区土壤质地较轻，漏水漏肥，土壤肥力较低。主要土壤类型为潮土，本区土壤质地差，缺氮少磷，肥力偏低，肥料投入水平低于全市平均水平，因此该区在施肥上的原则是增氮增磷，走无机促有机措施，改造中低产田。

施肥建议：

小麦亩施有机肥 3 方以上；目标产量在 <350kg，建议施氮 12.0 kg/亩、五氧化二磷 6.0kg/亩、氧化钾 3.0kg/亩；目标产量在 350 ~ 450kg，建议施氮 13.0 kg/亩、五氧化二磷 7.0kg/亩、氧化钾 5.0kg/亩；目标产量大于 450kg，建议施氮 14.0 kg/亩、五氧化二磷 7.0kg/亩、氧化钾 6.0kg/亩。施肥方式上要采取"多次少餐"，氮肥 50% 底施、30% 返青期追施、20% 拔节期追施，磷、钾肥、微肥一次底施。

玉米目标产量在 <400kg，建议施氮 12.0 kg/亩、五氧化二磷 3.0kg/亩、氧化钾 2.0kg/亩；目标产量在 400 ~ 500kg，建议施氮 14.0 kg/亩、五氧化二磷 3.0kg/亩、氧化钾 4.0kg/亩；目标产量大于 500kg，建议施氮 16.0 kg/亩、五氧化二磷 5.0kg/亩、氧化钾 5.0kg/亩。

三、黄河故道潮土增氮增磷补钾培肥区

该区分布在金堤以东，主要土壤类型为潮土，本区土壤质地差，缺氮少磷，肥力偏低，肥料投入水平低于全市平均水平，因此该区在施肥上的原则是增氮增磷，走无机促有机措施，改造中低产田。

施肥建议：

小麦：目标产量在 <350kg，建议施纯氮 12.0kg/亩、五氧化二磷 6.0kg/亩、氧化钾 3.0kg/亩；目标产量在 350 ~ 450kg，建议施纯氮 13.0 kg/亩、五氧化二磷 7.0kg/亩、氧化钾 4.0kg/亩；目标产量大于 450kg，建议施纯氮 14.0 kg/亩、五氧化二磷 7.0kg/亩、氧化钾 5.0kg/亩。

玉米：目标产量在 <400kg，建议施纯氮 12.0kg/亩、五氧化二磷 3.0kg/亩、氧化钾 2.0kg/亩；目标产量在 400 ~ 500kg，建议施纯氮 14.0 kg/亩、五氧化二磷 4.0kg/亩、氧化钾 3.0kg/亩；目标产量大于 500kg，建议施纯氮 16.0 kg/亩、五氧化二磷 5.0kg/亩、氧化钾 4.0kg/亩。

四、卫河流域与交接洼地潮土稳氮增磷补钾区

该区地势低洼，水资源丰富，粮食增产潜力大。但投肥结构不合理，重氮、少粪（有机肥）、轻钾。因此，小麦在增施有机肥的基础上，全面实施秸秆还田，掌握控氮、稳磷、补钾、增微的原则。

施肥建议：

小麦：建议亩施有机肥4方以上，产量水平450kg/亩以下：建议亩施纯氮10~12kg、磷肥2~4kg、钾肥0~3kg；产量水平450~550kg/亩：建议亩施纯氮12~14kg、磷肥3~5kg、钾肥2~5kg；产量水平550kg/亩以上：建议亩施纯氮14~16kg、磷肥4~6kg、钾肥4~5kg。施肥原则应调整追肥比例，减少前期氮肥用量，实行氮肥用量后移，秸秆全部还田；磷肥、钾肥及30%~40%的氮肥于定苗后施用，余下60%~70%的氮肥在玉米大喇叭口期施用，均采用沟施或穴施，施肥深度控制在15cm左右，施后及时覆土。每亩补施锌肥1kg。

玉米：目标产量在<500kg，建议施氮12.0kg/亩、五氧化二磷3.0kg/亩、氧化钾2.0kg/亩；目标产量>500kg，建议施氮14.0kg/亩、五氧化二磷3.0kg/亩、氧化钾4.0kg/亩；目标产量大于600kg，建议施氮16.0kg/亩、五氧化二磷5.0kg/亩、氧化钾5.0kg/亩。

五、山区褐土增氮稳磷培肥区

该区土壤贫瘠、供水不足是突出问题，加之土壤肥力较低，耕层浅致使小麦个体弱，群体小，穗分化受影响，穗小粒少产量低。因此，旱地麦田首先要深耕，打破犁底层，增加耕层厚度，增加蓄水保墒能力，要重施有机肥，增施磷肥，化肥深施，引导根系下扎。

施肥建议：

1. 小麦

建议亩施有机肥3.5方以上，纯氮8~10kg，K_2O 4~6kg，N：P比为1：（0.6~0.8），可用磷铵2~3kg作底肥，改善浅层营养，用腐植酸类肥料拌种，中后期用尿素加锌肥或磷酸二氢钾叶面喷施，增加抗旱能力，提高粒重。

2. 玉米

产量水平350kg/亩以下：建议亩施纯氮10~12kg、磷肥2~4kg、钾肥0~3kg；产量水平350~450kg/亩：建议亩施纯氮12~14kg、磷肥3~5kg、钾肥2~5kg；产量水平450kg/亩以上：建议亩施纯氮14~16kg、磷肥4~6kg、钾肥4~5kg。施肥原则应调整追肥比例，减少前期氮肥用量，实行氮肥用量后移，秸秆全部还田；磷肥、钾肥及30%~40%的氮肥于定苗后施用，余下60%~70%的氮肥在玉米大喇叭口期施用，均采用沟施或穴施，施肥深度控制在15cm左右，施后及时覆土。每亩补施锌肥1kg。

第四节　耕地质量管理建议

鹤壁市现有耕地114 751.29hm^2，全市人均耕地1.08亩，人多地少，后备资源匮乏。要获得更多的产量和效益，提高粮食综合生产能力，实现农业可持续发展，就必须提高耕地质量，依法进行耕地质量管理。现就加强耕地管理提出以下对策和建议。

一、建立依法管理耕地质量的体制

（一）巩固完善家庭承包经营体制，逐步发展耕地规模经营

以耕地为基本生产资料的家庭联产承包经营体制在农村已经实施20多年，实践证明，家庭联产经营体制不但促进农村生产力发展，促使稳定社会，增加社会物质财富，也是耕地质量得以有效保护的前提。农民注重耕地保养和投入，避免了耕地掠夺经营行为。当前，要按照党的十八大和中央一号文件的精神，坚持党在农村的基本政策，长期稳定并不断完善以家庭承包为基础统分结合的双层经营体制。按照依法、自愿，有偿的原则进行土地经营权流转，逐步发展规模经营。土地规模经营有利于耕地质量保护、技术的推广和质量保护法规的实施。

（二）执行并完善耕地质量管理法规

依法管理耕地质量，首先要执行国家和地方颁布的法规，严格依照《中华人民共和国土地法》。按照国务院颁布的《中华人民共和国农业法基本农田保护条例》中关于耕地质量保护的条款，对已造成耕地严重污染和耕地质量严重恶化的违法行为，通过司法程序进行处罚。其次，根据鹤壁市社会和自然条件制定耕地质量保护地方性法规。在耕地质量保护地方法规中，要规定耕地承包者和耕地流转的使用者，对保护耕地质量应承担的责任和义务，各级政府和耕地所有者保护耕地质量的职责，以及对于造成耕地质量恶化的违法行为的惩处等条款。

（三）制定保护耕地质量的鼓励政策

市、县、乡镇政府应制订政策，鼓励农民保护并提高耕地质量的积极性。例如，对于实施绿色食品和无公害食品生产成绩突出的农户、利用作物秸秆和工业废弃物（不含污染物质）生产合格有机肥的生产者、举报并制止破坏耕地质量违法行为的人给予荣誉和物质奖励。

（四）推广农业标准化生产

实施农业标准化生产可以规范农民的栽培措施，避免不正确的农事行为对耕地质量带来的危害。同时生产出符合国家安全的农产品，确保粮食生产安全。根据国家农业部、河南省和鹤壁市已颁布的部分作物标准化生产的行业标准和地方标准，首先在乡镇建立农业示范园、绿色食品和无公害食品生产基地，取得经验后逐步推广。

二、扩大绿色食品和无公害农产品生产规模

扩大绿色食品和无公害农产品生产符合现代农业发展方向，它使生产利益的取向与保护耕地质量及其环境的目的达到了统一。目前，分户经营模式与绿色食品、无公害农产品规模化经营要求的矛盾十分突出，解决矛盾的方法就是发展规模经营，实行土地流转，建立以出口企业或加工企业为龙头的绿色食品集约化生产基地，实行标准化生产。

三、加强农业技术培训

按照"提高市级，强化乡镇级，充实完善村级"指导思想，建立健全市农技推广中心、乡镇区域站、村农业技术员等三级农技推广组织和队伍，形成以市农技中心为主体，乡镇区域站为桥梁和纽带，农技干部和农民技术员为骨干，科技户为示范点，广大农户为生产基地的覆盖全市的农业技术推广服务网络。同时加强科技宣传，提高农民科技水平和科技意识。

健全基层农业技术推广体系，充分发挥市、县、乡三级农技推广队伍的作用，利用开办培训班、电视讲座等形式，进行实用技术培训。市农技推广中心采取请进来与走出去、室内讲授与现场参观、集中培训与逐级培训三个结合，大力开展农业技术培训。培训对象包括市、县、乡、村农业领导干部；市、县、乡农业技术干部、农民技术员和科技专业户。培训内容为农作物新品种适生条件、产品特征、栽培要点、水肥管理、高产栽培技术等新型实用农业技术。

附录1　农业部关于进一步加强测土配方施肥工作的通知

（农农发［2006］10号）

最近，按照我部统一布置，各省、自治区、直辖市（含中央直属垦区）农业行政主管部门对2005年度测土配方施肥试点补贴资金项目县（包括垦区项目农场）进行了检查。同时，我部组织人员对其中6个省（含黑龙江农垦总局）的项目执行情况进行了抽查。总的看，经过各级农业部门和财政部门的共同努力，测土配方施肥取得了阶段性成效，促进了粮食产量增加、农业节本增效、农业可持续发展，促进了农民施肥观念转变、肥料生产营销机制创新。为了更好地推进测土配方施肥工作深入开展，现就有关事项通知如下。

一、正视存在问题，进一步提高思想认识

一年多来，随着测土配方施肥工作逐步深入，各地思想认识不断深化，有力推进了测土配方施肥项目的实施。但与此同时，一些地方对该项工作的长期性、艰巨性缺乏足够认识和准备，工作积极性、主动性不够，有畏难情绪和应付倾向。有的地方技术力量不适应、工作机制不完善，特别是有的地方项目管理不够规范。对此，各级农业部门一定要引起高度重视。要认识到测土配方施肥是农业节本增效的关键技术措施，是新时期重要的支农惠农政策，进一步增强做好测土配方施肥工作的责任感和紧迫感；要认识到测土配方施肥技术推广是一项长期任务，在抓好项目实施的同时，发挥项目示范带动作用，推进测土配方施肥工作全面开展；要认识到机制创新是测土配方施肥的重要保障，进一步增强工作主动性、创造性，积极探索引导企业参与和服务指导农民的有效方法和运作模式；要认识到规范管理是实现项目预期效果的前提条件，进一步健全制度、完善措施、严格管理，把项目组织好、实施好，取得实实在在的成效，经得起实践的检验，得到农民的认可，以推动测土配方施肥工作持续、健康发展。

随着实施规模逐步扩大，项目组织和工作推动的难度将日益增加，巩固测土配方施肥项目成果，保持来之不易的良好局面，是当前面临的一个现实问题。各级农业部门要切实把测土配方施肥摆上重要位置，统一思想认识，加强组织领导，加大工作力度，狠抓措施落实，不断开创测土配方施肥工作新局面。

二、强化基础工作，努力提升测土配方施肥技术水平

（一）进一步明确工作职责。省、市两级农业部门要在指导项目县开展测土配方施肥工作的同时，组织落实好省级和县级耕地地力评价工作，对技术力量薄弱的项目县提供必要的技术支持。县级农业部门要按照项目实施方案和技术规范要求，认真搞好田间试验、农户调

查、分析化验、数据汇总，在建立县域耕地资源管理信息系统的基础上，开展耕地地力评价工作。要充分发挥各级土肥技术推广部门和相关科研教学单位的优势，整合力量，统筹协调，做好测土配方施肥和耕地地力评价工作。

（二）切实加强技术培训和服务。要重视土肥技术队伍建设，运用多种形式，加大培训力度，严格技术规范，切实解决当前存在的培训不到位、技术不熟练、操作不规范等问题，不断提高技术人员业务素质和服务能力。要创新指导服务农民的工作机制，探索行之有效的技术推广方式，组织各级土肥技术人员和相关专家深入基层开展培训指导，切实提高技术到位率和覆盖率。

（三）建立和完善测土配方施肥指标体系。作物施肥指标体系是测土配方施肥技术的核心内容，是制定肥料配方的重要依据。各级农业部门要把建立测土配方施肥指标体系作为当前的紧迫任务摆上重要议事日程。要严格按照测土配方施肥技术规范要求，抓紧收集整理分析现有数据，建立和完善主要粮食作物施肥指标体系。同时及早安排今冬明春"3414"田间试验、校正试验，为全面建立不同区域、不同作物施肥指标体系做好相应准备。各级技术专家组要充分发挥技术支撑作用，组织开展施肥科学与技术研究，协助各地建立施肥指标体系，研发专家施肥咨询系统，制定配方施肥建议卡，指导农民按照作物需肥规律，确定合理施肥量、施肥时期和施肥方法。

（四）认真做好数据汇总和进度统计工作。采样调查、分析化验、田间试验、示范数据是项目的重要成果，是制定肥料配方和开展耕地地力评价的重要依据。各地要高度重视数据采集、分析、汇总工作，按照整体设计、分步实施的原则，逐步建立国家、省、县三级数据管理信息系统，为科学施肥、耕地质量建设与管理、农业生态环境保护提供支撑。为了保证汇总数据统一规范，我部正在研发测土配方施肥数据汇总系统软件，各地要做好相应的准备工作。要充分利用测土配方施肥统计管理系统软件统计项目进度，加强督促检查，确保统计信息准确、及时和规范。各项目县上报我部的进度情况必须经省级审核。

三、创新工作机制，积极引导肥料企业参与测土配方施肥

（一）建立健全定点企业招投标制度。省级农业行政主管部门要会同同级财政部门制定和完善配方肥定点企业招投标办法，没有制定的要抓紧制定，已经制定的要针对执行过程中出现的问题，按照公开、公平、公正的原则加以完善。在实际操作中，要明确投标企业的生产规模、供肥能力、企业信誉、质量保障体系、营销服务网络、当地推广基础等资质和条件，严格按照招投标程序和要求，确定配方肥定点企业，切实做到信息公开、过程公开和结果公开，广泛接受社会和媒体监督。外来企业与本地企业要一视同仁，不得抬高门槛或增设附加条件，不得向企业收取法律法规规定以外的任何费用，严格禁止任何形式的商业贿赂。各级农业部门和所属单位开办的肥料企业要与原单位脱钩，未脱钩的一律不得参加定点企业招标。

（二）积极探索企业参与模式。配方肥是测土配方施肥技术的物化载体，企业参与是测土配方施肥的关键环节。各地要创新工作机制，进一步探索企业参与测土配方施肥的运作模式，着力解决配方肥区域性较强、小批量需求与肥料规模化生产、批量化供应之间的矛盾。要借鉴一些地区在实践中探索出的成功经验和模式，结合本地实际，进一步拓宽思路，制定相关扶持政策，支持、引导、鼓励大中型肥料生产经营企业进入测土配方施肥领域，开展配方肥的生产和经营。要运用连锁、超市、配送等现代物流手段，构建和完善基层供肥服务网络，减少中间经营环节和肥料在途时间，为农民提供质量优良、配方科学、价格合理的肥料。

（三）切实抓好肥料质量监管。省级农业行政主管部门要增强服务意识，简化配方肥登记手续，加快审批速度，积极为配方肥企业提供便利条件。各地要加强配方肥质量监督管理，逐步建立配方肥质量追溯制度，定期开展配方肥质量抽检，确保配方肥质量。

四、严格加强管理，确保项目建设取得预期效果

（一）进一步明确项目任务。各地要严格按照项目确定的目标任务、工作内容和时间要求，完成取土采样、分析化验、田间试验、配方配肥、耕地地力评价等各项工作。确定的采样点要具有代表性，其中用于耕地地力评价的样点不低于10%。项目县启动当年完成测土配方施肥技术推广面积不低于40万亩，第二年扩大到60万亩以上。在安排"3414"试验时，每个项目县市每年安排1~2种主要作物，同一作物要布置10个以上试验，试验点按高、中、低肥力水平均匀分布。

（二）严格加强项目资金管理。省级农业行政主管部门要会同同级财政部门，按照《农业部、财政部办公厅关于印发〈测土配方施肥试点资金管理暂行办法〉的通知》（财农〔2005〕101号）、《农业部关于加强农业财政专项资金管理的通知》（农财发〔2006〕16号）的规定，结合测土配方施肥补贴项目特点，制定具体的资金使用管理办法。县级农业部门要积极与财政部门沟通，按照保证资金安全和操作规范的原则，切实解决调查取样、分析化验、田间试验等有关费用的报销问题。各级农业部门要进一步加强资金使用管理，严禁截留挪用和超范围支出，确保资金使用安全。对各种形式反映或举报的问题，各省级农业部门要高度重视，发现一起，查处一起。对重大案件我部将直接安排查处，按照有关规定严肃处理，并在今后安排项目时，对相关省市区采取惩戒措施。

（三）认真做好项目总结和验收工作。各级农业部门要按照《农业部办公厅关于印发〈2006年全国测土配方施肥工作方案〉的通知》（农办农〔2006〕21号）、《农业部办公厅、财政部办公厅关于下达2006年测土配方施肥补贴项目实施方案的通知》（农办财〔2006〕11号）的要求，加强督促检查，及时总结项目执行情况，分析存在问题，提出对策措施。省级农业行政主管部门要按照《农业部关于印发〈测土配方施肥补贴项目验收暂行办法〉的通知》（农农发〔2006〕8号）要求，尽快制定具体的项目验收办法，指导项目县做好2005年测土配方施肥试点补贴资金项目的自验工作，组织完成好省级验收。

各级农业部门要及早谋划明年的测土配方施肥工作。要积极主动向当地政府和有关部门汇报测土配方施肥成效，努力争取支持，增加资金投入。要根据实际需要，及时充实加强土肥技术力量，积极做好已有项目县续建准备和拟实施项目县前期准备等工作，为明年进一步推进测土配方施肥打好基础。

2006年11月14日

附录2 测土配方施肥技术规范
（2011 年修订版）

1 范围

本规范规定了全国测土配方施肥工作肥料效应田间试验、样品采集与制备、田间基本情况调查、土壤与植株测试、肥料配方设计、配方肥料合理使用、效果反馈与评价、数据汇总、报告撰写、耕地地力评价等内容、方法和操作规程。

本规范适用于全国不同区域、不同土壤和不同主要作物的测土配方施肥工作。

2 引用标准

本规范引用下列国家或行业标准：

GB/T 6274 肥料和土壤调理剂 术语

NY/T 496 肥料合理使用准则 通则

NY/T 497 肥料效应鉴定田间试验技术规程

NY/T 309 全国耕地类型区、耕地地力等级划分

NY/T 310 全国中低产田类型划分与改良技术规范

NY/T 1119 土壤监测规程

NY/T 1634 耕地地力调查与质量评价技术规程

3 术语和定义

下列术语和定义适用于本规范：

3.1 测土配方施肥 soil testing and formulated fertilization

测土配方施肥是以土壤测试和肥料田间试验为基础，根据作物需肥规律、土壤供肥性能和肥料效应，在合理施用有机肥料的基础上，提出氮、磷、钾及中、微量元素等肥料的施用品种、数量、施肥时期和施肥方法。

3.2 配方肥料 formula fertilizer

以土壤测试、肥料田间试验为基础，根据作物需肥规律、土壤供肥性能和肥料效应，用各种单质肥料和（或）复混肥料为原料，配制成的适合于特定区域、特定作物品种的肥料。

3.3 肥料效应 fertilizer response

肥料效应是肥料对作物产量或品质的作用效果，通常以肥料单位养分的施用量所能获得的作物增产量和效益表示。

3.4　施肥量 dose rate；dose

施于单位面积耕地或单位质量生长介质中的肥料或养分的质量或体积。

3.5　常规施肥 coventional fertilizing

亦称习惯施肥，指当地有代表性的农户前三年平均施肥量（主要指氮、磷、钾肥）、施肥品种、施肥方法和施肥时期。可通过农户调查确定。

3.6　空白对照 control

无肥处理，用于确定肥料效应的绝对值，评价土壤自然生产力和计算肥料利用率等。

3.7　优化施肥 optimized fertilization

指针对当地（一定区域）的土壤肥力水平、作物需肥特点、肥料利用效率和相关配套栽培技术而建立的作物高产高效或优质适产施肥种类、时期、数量、比例和方法。

3.8　地力 soil fertility

是指在当前管理水平下，由土壤本身特性、自然背景条件和农田基础设施等要素综合构成的耕地生产能力。

3.9　耕地地力评价 soil productivity assessment

耕地地力是指根据耕地所在地的气候、地形地貌、成土母质、土壤理化性状、农田基础设施等要素相互作用表现出的综合特征。耕地地力评价是对耕地生态环境优劣、农作物种植适宜性、耕地潜在生物生产力高低进行评价。

3.10　肥料利用率 recovery efficiency of fertilizer

是指作物吸收来自所施肥料的养分占所施肥料养分总量的百分率。

4　肥料效应田间试验

主要包括大田作物肥料效应田间试验、蔬菜和果树作物田间试验。

4.1　大田作物肥料效应田间试验

4.1.1　试验目的

肥料效应田间试验是获得各种作物最佳施肥品种、施肥比例、施肥数量、施肥时期、施肥方法的根本途径，也是筛选、验证土壤养分测试方法、建立施肥指标体系的基本环节。通过田间试验，掌握各个施肥单元不同作物优化施肥数量，基、追肥分配比例，施肥时期和施肥方法；摸清土壤养分校正系数、土壤供肥能力、不同作物养分吸收量和肥料利用率等基本参数；构建作物施肥模型，为施肥分区和肥料配方设计提供依据。

4.1.2　试验设计

肥料效应田间试验设计，取决于试验目的。对于一般大田作物施肥量研究，本规范推荐采用"3414"方案设计，在具体实施过程中可根据研究目的选用"3414"完全实施方案、部分实施方案或其他试验方案。

4.1.2.1　"3414"完全实施方案

"3414"方案设计吸收了回归最优设计处理少、效率高的优点，是目前应用较为广泛的肥料效应田间试验方案（表1）。"3414"是指氮、磷、钾3个因素、4个水平、14个处理。4个水平的含义：0水平指不施肥，2水平指当地推荐施肥量，1水平（指施肥不足）＝2水平×0.5，3水平（指过量施肥）＝2水平×1.5。如果需要研究有机肥料和中、微量元素肥料效应，可在此基础上增加处理（表1）。

表1 "3414"试验方案处理（推荐方案）

试验编号	处理	N	P	K
1	$N_0 P_0 K_0$	0	0	0
2	$N_0 P_2 K_2$	0	2	2
3	$N_1 P_2 K_2$	1	2	2
4	$N_2 P_0 K_2$	2	0	2
5	$N_2 P_1 K_2$	2	1	2
6	$N_2 P_2 K_2$	2	2	2
7	$N_2 P_3 K_2$	2	3	2
8	$N_2 P_2 K_0$	2	2	0
9	$N_2 P_2 K_1$	2	2	1
10	$N_2 P_2 K_3$	2	2	3
11	$N_3 P_2 K_2$	3	2	2
12	$N_1 P_1 K_2$	1	1	2
13	$N_1 P_2 K_1$	1	2	1
14	$N_2 P_1 K_1$	2	1	1

该方案可应用14个处理进行氮、磷、钾三元二次效应方程拟合，还可分别进行氮、磷、钾中任意二元或一元效应方程拟合。

例如：进行氮、磷二元效应方程拟合时，可选用处理2~7、11、12，求得在以K_2水平为基础的氮、磷二元二次效应方程；选用处理2、3、6、11可求得在$P_2 K_2$水平为基础的氮肥效应方程；选用处理4、5、6、7可求得在$N_2 K_2$水平为基础的磷肥效应方程；选用处理6、8、9、10可求得在$N_2 P_2$水平为基础的钾肥效应方程。此外，通过处理1，可以获得基础地力产量，即空白区产量。

其具体操作参照有关试验设计与统计技术资料。

4.1.2.2 "3414"部分实施方案

试验氮、磷、钾某一个或两个养分的效应，或因其他原因无法实施"3414"完全实施方案，可在"3414"方案中选择相关处理，即"3414"的部分实施方案。这样既保持了测土配方施肥田间试验总体设计的完整性，又考虑到不同区域土壤养分特点和不同试验目的要求，满足不同层次的需要。如有些区域重点要试验氮、磷效果，可在K_2做肥底的基础上进行氮、磷二元肥料效应试验，但应设置3次重复。具体处理及其与"3414"方案处理编号对应列于表2。

表 2　氮、磷二元二次肥料试验设计与"3414"方案处理编号对应表

处理编号	"3414"方案处理编号	处理	N	P	K
1	1	$N_0P_0K_0$	0	0	0
2	2	$N_0P_2K_2$	0	2	2
3	3	$N_1P_2K_2$	1	2	2
4	4	$N_2P_0K_2$	2	0	2
5	5	$N_2P_1K_2$	2	1	2
6	6	$N_2P_2K_2$	2	2	2
7	7	$N_2P_3K_2$	2	3	2
8	11	$N_3P_2K_2$	3	2	2
9	12	$N_1P_1K_2$	1	1	2

上述方案也可分别建立氮、磷一元效应方程。

在肥料试验中，为了取得土壤养分供应量、作物吸收养分量、土壤养分丰缺指标等参数，一般把试验设计为 5 个处理：空白对照（CK）、无氮区（PK）、无磷区（NK）、无钾区（NP）和氮、磷、钾区（NPK）。这 5 个处理分别是"3414"完全实施方案中的处理 1、2、4、8 和 6（表 3）。如要获得有机肥料的效应，可增加有机肥处理区（M）；试验某种中（微）量元素的效应，在 NPK 基础上，进行加与不加该中（微）量元素处理的比较。试验要求测试土壤养分和植株养分含量，进行考种和计产。试验设计中，氮、磷、钾、有机肥等用量应接近肥料效应函数计算的最高产量施肥量或用其他方法推荐的合理用量（表 3）。

表 3　常规 5 处理试验设计与"3414"方案处理编号对应表

处理编号	"3414"方案处理编号	处理	N	P	K
空白对照	1	$N_0P_0K_0$	0	0	0
无氮区	2	$N_0P_2K_2$	0	2	2
无磷区	4	$N_2P_0K_2$	2	0	2
无钾区	8	$N_2P_2K_0$	2	2	0
氮磷钾区	6	$N_2P_2K_2$	2	2	2

4.1.2.3　其他试验方案

各地可以结合几年来的"3414"试验结果，布置单因素多水平高产高效肥料运筹试验，为农业高产高效提供科学施肥配方。对于丘陵山区、黄土高原区可根据当地自然生态条件和技术推广水平，进行肥料梯度试验、配比试验、肥料运筹试验和施肥方法试验及相应的验证试验。

4.1.3　试验实施

4.1.3.1　试验地选择

试验地应选择平坦、整齐、肥力均匀，具有代表性的不同肥力水平的地块；坡地应选择

坡度平缓、肥力差异较小的田块；试验地应避开道路、堆肥场所及院、林遮荫阳光不充足等特殊地块。同一田块不能连续布置试验。

4.1.3.2 试验作物品种选择

本规范中大田作物是指大田中种植的粮食、油菜、棉花、大豆等作物，田间试验应选择当地主栽的大田作物品种或拟推广品种。

4.1.3.3 试验准备

整地、设置保护行、试验地区划；小区应单灌单排，避免串灌串排；试验前采集土壤样品；依测试项目不同，分别制备新鲜或风干土样。

4.1.3.4 试验重复与小区排列

为保证试验精度，减少人为因素、土壤肥力和气候因素的影响，田间试验一般设 3～4 个重复（或区组）。采用随机区组排列，区组内土壤、地形等条件应相对一致，区组间允许有差异。同一生长季、同一作物、同类试验在 10 个以上时可采用多点无重复设计。

小区面积：大田作物小区面积一般为 20～50m²，密植作物可小些，中耕作物可大些；小区宽度：密植作物不小于 3m，中耕作物不小于 4m。

4.1.3.5 试验记载与测试

参照肥料效应鉴定田间试验技术规程（NY/T 497—2002）执行，试验前采集基础土样进行测定，收获期采集植株样品，进行考种和生物与经济产量测定。必要时进行植株分析，每个县每种作物应按高、中、低肥力分别各取不少于 1 组 3414 试验中 1、2、4、8、6 处理的植株样品；有条件的地区，采集 3414 试验中所有处理的植株样品。

测土配方施肥田间试验结果汇总表见附表 1。

4.1.4 试验统计分析

常规试验和回归试验的统计分析方法参见肥料效应鉴定田间试验技术规程（NY/T 497）或其他专业书籍。

4.2 蔬菜肥料田间试验

4.2.1 试验设计目的

本规范肥料田间试验设计推荐"2＋X"方法，分为基础施肥和动态优化施肥试验两部分，"2"是指各地均应进行的以常规施肥和优化施肥 2 个处理为基础的对比施肥试验研究，其中常规施肥是当地大多数农户在蔬菜生产中习惯采用的施肥技术，优化施肥则为当地近期获得的蔬菜高产高效或优质适产施肥技术；"X"是指针对不同地区、不同种类蔬菜可能存在一些对生产和养分高效有较大影响的未知因子而不断进行的修正优化施肥处理的动态研究试验，未知因子包括不同种类蔬菜养分吸收规律、施肥量、施肥时期、养分配比、中微量元素等。为了进一步阐明各个因子的作用特点，可有针对性地进一步安排试验，目的是为确定施肥方法及数量、验证土壤和植物养分测试指标等提供依据，X 的研究成果也将为进一步修正和完善优化施肥技术提供参考，最终形成新的测土配方施肥（集成优化施肥）技术，有利于在田间大面积应用和示范推广。

4.2.2 基础施肥试验设计

基础施肥试验取"2＋X"中的"2"为试验处理数：（1）常规施肥，蔬菜的施肥种类、数量、时期、方法和栽培管理措施均按照当地大多数农户的生产习惯进行；（2）优化施肥，即蔬菜的高产高效或优质适产施肥技术，可以是科技部门的研究成果，也可为科技种菜能手采用并经土壤肥料专家认可的优化施肥技术方案作为试验处理。基础施肥试验是生产应用性试验，可将小区面积适当增大，不设置重复。

4.2.3 "X"动态优化施肥试验设计

"X"表示根据试验地区、土壤条件、蔬菜种类及品种、适产优质等内容确定，确定急需优化的技术内容方案，旨在不断完善优化处理。"X"动态优化施肥试验可与基础施肥试验的2个处理在同一试验条件下进行，也可单独布置试验。"X"动态优化施肥试验需要设置3~4次重复，必须进行长期定位试验研究，至少有3年以上的试验结果。

"X"主要针对氮肥优化管理，包括5个方面的试验设计，分别为：X_1，氮肥总量控制试验；X_2，氮肥分期调控试验；X_3，有机肥当量试验；X_4，肥水优化管理试验；X_5，蔬菜生长和营养规律研究试验。"X"处理中涉及有机肥、磷钾肥的用量、施肥时期等应接近于优化管理。除有机肥当量试验外，其他试验中，有机肥根据各地实际情况选择施用或者不施（各个处理保持一致），如果施用，则应该选用当地有代表性的有机肥种类；磷钾根据土壤磷钾测试值和目标产量确定施用量，根据作物养分规律确定施肥时期。各地根据实际情况，选择设置相应的"X"试验；如果认为磷或钾肥为限制因子，可根据需要将磷钾单独设置几个处理。

4.2.3.1 氮肥总量控制试验（X_1）

为了不断优化蔬菜氮肥适宜用量，设置氮肥总量控制试验，包括3个处理：（1）优化施氮量；（2）70%的优化施氮量；（3）130%的优化施氮量。其中优化施氮量根据蔬菜目标产量、养分吸收特点和土壤养分状况确定，磷钾肥施用以及其他管理措施一致。各处理详见表4。

表4　蔬菜氮肥总量控制试验方案

试验编号	试验内容	处理	N	P	K
1	无氮区	$N_0P_2K_2$	0	2	2
2	70%的优化氮区	$N_1P_2K_2$	1	2	2
3	优化氮区	$N_2P_2K_2$	2	2	2
4	130%的优化氮区	$N_3P_2K_2$	3	2	2

说明：表4中，0水平：指不施该种养分；1水平：适合于当地生产条件下的推荐值的70%；2水平：指适合于当地生产条件下的推荐值；3水平：该水平为过量施肥水平，为2水平氮肥适宜推荐量的1.3倍。

4.2.3.2 氮肥分期调控试验（X_2）

蔬菜作物在施肥上需要考虑肥料分次施用，遵循"少量多次"原则。为了优化氮肥分配，达到以更少的施肥次数，获得更好效益（养分利用效率，产量等）的目的，在优化施肥量的基础上，设置3个处理：①农民习惯施肥；②考虑基追比（3∶7）分次优化施肥，根据蔬菜营养规律分次施用；③氮肥全部用于追肥，按蔬菜营养规律分次施用。

各地根据蔬菜种类，依据氮素营养需求规律和氮素营养关键需求时期，以及灌溉管理措施来确定优化追肥次数。一般情况下，推荐追肥次数见表5，如果生育期发生很大变化，根据实际情况增加或减少追肥次数。每次推荐氮肥（N）量控制在2~7kg/亩。

表5　不同蔬菜及栽培灌溉模式下推荐追肥次数

蔬菜种类	栽培方式		追肥次数	
			畦灌	滴灌
叶菜类	露地		2 ~ 4	5 ~ 8
	设施		3 ~ 4	6 ~ 9
果类蔬菜	露地		5 ~ 6	8 ~ 10
	设施	一年两茬	5 ~ 8	8 ~ 12
		一年一茬	10 ~ 12	15 ~ 18

4.2.3.3　有机肥当量试验（X_3）

目前在蔬菜生产中，特别是设施蔬菜生产中，有机肥的施用很普遍。按照有机肥的养分供应特点，养分有效性与化肥进行当量研究。试验设置6个处理（表6），分别为有机氮和化学氮的不同配比，所有处理的磷、钾养分投入一致，其中有机肥选用当地有代表性并完全腐熟的种类。

表6　有机肥当量试验方案处理

试验编号	处理	有机肥提供氮占总氮投入量比例	化肥提供氮占总氮投入量比例	肥料施用方式
1	空白	—	—	
2	M_1N_0	1	0	有机肥基施
3	M_1N_2	1/3	2/3	有机肥基施、化肥追施
4	M_1N_1	1/2	1/2	有机肥基施、化肥追施
5	M_2N_1	2/3	1/3	有机肥基施、化肥追施
6	M_0N_1	0	1	化肥追施

注：其中有机肥提供的氮量以总氮计算。

4.2.3.4　肥水优化管理试验（X_4）

蔬菜作物在施肥上需要考虑与灌溉结合。为不断优化蔬菜肥水总量控制和分期调控模式，明确优化灌溉前提下的肥水调控技术的应用效果，提出适用于当地的肥水优化管理技术模式，设置肥水优化管理试验。试验设置3个处理：（1）农民传统肥水管理（常规灌溉模式，如沟灌或漫灌，习惯灌溉施肥管理）；（2）优化肥水模式（在常规灌溉模式如沟灌或漫灌下，依据作物水分需求规律调控节水灌溉量）；（3）新技术应用（滴灌模式，依据作物水分需求规律调控灌溉量）。其中处理2和处理3，施肥按照不同灌溉模式的优化推荐用量，氮素采用总量控制、分期调控，磷钾采用恒量监控或丰缺指标法确定。

4.2.3.5　蔬菜生长和营养规律研究试验（X_5）

根据蔬菜生长和营养规律特点，采用氮肥量级试验设计，包括4个处理（表7），其中有机肥根据各地情况选择施用或者不施，但是4个处理应保持一致。有机肥、磷钾肥用量应接近推荐的合理用量。在蔬菜生长期间，分阶段采样，进行植株养分测定。

表 7　蔬菜氮肥量级试验方案处理

试验编号	处理		M	N	P	K
1	$MN_0P_2K_2/$	$N_0P_2K_2$	+ / -	0	2	2
2	$MN_1P_2K_2/$	$N_1P_2K_2$	+ / -	1	2	2
3	$MN_2P_2K_2/$	$N_2P_2K_2$	+ / -	2	2	2
4	$MN_3P_2K_2/$	$N_3P_2K_2$	+ / -	3	2	2

说明：表 7 中 M 代表有机肥料；-：不施有机肥。+：施用有机肥，其中有机肥的种类在当地应该有代表性，其施用数量与菜田种植历史（新老程度）有关（表8）。有机肥料需要测定全量氮磷钾养分。0 水平：指不施该种养分；1 水平：适合于当地生产条件下的推荐值的一半；2 水平：指适合于当地生产条件下的推荐值；3 水平：该水平为过量施肥水平，为 2 水平氮肥适宜推荐量的 1.5 倍。

表 8　不同菜田推荐的有机肥用量

菜田		新菜田；过砂、过黏、盐碱化严重菜田	2~3 年新菜田	大于 5 年老菜田	
有机肥选择		高 C/N 粗杂有机肥	粪肥、堆肥	堆肥	粪肥 + 秸秆
推荐量（方/亩）	设施	8~10	5~7	3~5	3+2
	露地	4~5	3~4	2~3	1+2

4.2.4　试验实施

4.2.4.1　试验地选择

试验地应选择平坦、整齐、肥力均匀，具有代表性的不同肥力水平的地块；坡地应选择坡度平缓、肥力差异较小的田块；试验地应避开靠近道路、有土传病害、堆肥场所或者前期施用大量有机肥等地块。

4.2.4.2　试验作物品种选择

蔬菜田间试验建议选择主栽常见种类：瓜类，黄瓜（设施）；茄果类，番茄（设施）；根菜，萝卜；结球叶菜，大白菜；非结球叶菜，莴笋；块根茎类，马铃薯。

一个县至少选择两种蔬菜，一是上述主栽常见种类中的任意一种蔬菜，二是本地区种植规模较大的具有代表性的蔬菜作物。此外北方地区注意设施和露地蔬菜的试验设计个数要均衡。

4.2.4.3　试验准备

整地、设置保护行、试验地区划，小区应单灌单排，避免串灌串排；蔬菜田需要在小区之间采用塑料膜或水泥板隔开，至少隔离 50cm 深度，避免肥水间相互渗透；试验前多点采集土壤混合样品；依测试项目不同，分别制备新鲜或风干土样。

4.2.4.4　试验重复与小区排列

为保证试验精度，减少人为因素、土壤肥力和气候因素的影响，田间试验一般设 3~4 个重复（或区组）。采用随机区组排列，区组内土壤、地形等条件应相对一致，区组间允许有差异。对于氮磷钾试验同一生长季、同一作物、同类试验在 10 个以上时可采用多点无重复设计。

小区面积：露地蔬菜作物小区面积一般为 12～20m²，密植作物可小些，中耕作物可大些；设施蔬菜作物一般为 10～15m²，至少 5 行或者 3 畦以上。小区宽度：密植作物不小于2m，中耕作物不小于 3m。

4.2.4.5 施肥方法和肥料分配

有机肥料作基肥一次施用，可撒施、条施或穴施；化学肥料分次施用，具体视试验地区供试蔬菜高产栽培的肥料分配比例而定，一般需要考虑与菜田的水分管理结合进行。

4.2.4.6 试验记载与测试

参照肥料效应鉴定田间试验技术规程（NY/T 497）执行，试验前采集基础土样进行测定，收获期采集土壤和植株样品，进行考种和生物与经济产量测定，必要时在蔬菜生长期间进行植株样品的采集和分析，如蔬菜生长规律的研究试验。

4.2.5 试验统计分析

常规试验和回归试验的统计分析方法参见肥料效应鉴定田间试验技术规程（NY/T 497）或其他专业书籍。

4.3 果树肥料田间试验

4.3.1 试验设计目的

本规范肥料田间试验设计推荐"2＋X"方法，分为基础施肥和动态优化施肥试验两部分，"2"是指各地均应进行的以常规施肥和优化施肥 2 个处理为基础的对比施肥试验研究，其中常规施肥是当地大多数农户在果树生产中习惯采用的施肥技术，优化施肥则为当地近期获得的果树高产高效或优质适产施肥技术；"X"是指针对不同地区、不同种类果树可能存在一些对生产和养分高效有较大影响的未知因子而不断进行的修正优化施肥处理的动态研究试验，未知因子包括不同种类果树养分吸收规律、施肥量、施肥时期、养分配比、中微量元素等。为了进一步阐明各个因子的作用特点，可有针对性地进一步安排试验，目的是为确定施肥方法及数量、验证土壤和果树叶片养分测试指标等提供依据，X 的研究成果也将为进一步修正和完善优化施肥技术提供参考，最终形成新的测土配方施肥（集成优化施肥）技术，有利于在田间大面积应用、示范推广。

4.3.2 基础施肥试验设计

基础施肥试验取"2＋X"中的"2"为试验处理数：（1）常规施肥，果树的施肥种类、数量、时期、方法和栽培管理措施均按照本地区大多数农户的生产习惯进行；（2）优化施肥，即果树的高产高效或优质适产施肥技术，可以是科技部门的研究成果，也可为当地高产果园采用并经土壤肥料专家认可的优化施肥技术方案作为试验处理。优化施肥处理涉及施肥时期、肥料分配方式、水分管理、花果管理、整形修剪等技术应根据当地情况与有关专家协商确定。基础施肥试验是在大田条件下进行的生产应用性试验，可将面积适当增大，不设置重复。试验采用盛果期的正常结果树。

4.3.3 "X"动态优化施肥试验设计

"X"表示根据试验地区果树的立地条件、果树生长的潜在障碍因子、果园土壤肥力状况、果树种类及品种、适产优质等内容，确定急需优化的技术内容方案，旨在不断完善优化施肥处理。其中氮、磷、钾通过采用土壤养分测试和叶片营养诊断丰缺指标法进行，中量元素钙、镁、硫和微量元素铁、锌、硼、钼、铜、锰宜采用叶片营养诊断临界指标法。"X"动态优化施肥试验可与基础施肥试验的 2 个处理在同一试验条件下进行，也可单独布置试验。"X"动态优化施肥试验每个处理应不少于4棵果树，需要设置3~4次重复，必须进行长期定位试验研究，至少有3年以上的试验结果。

"X"主要包括4个方面的试验设计，分别为：X_1，氮肥总量控制试验；X_2，氮肥分期调控试验；X_3，果树配方肥料试验；X_4，中微量元素试验。"X"处理中涉及有机肥、磷钾肥的用量、施肥时期等应接近于优化管理；磷钾根据土壤磷钾测试值和目标产量确定施用量和作物养分规律确定施肥时期。各地根据实际情况，选择设置相应的"X"试验；如果认为磷或钾肥为限制因子，可根据需要将磷钾单独设置几个处理。

4.3.3.1　氮肥总量控制试验（X_1）

根据果树目标产量和养分吸收特点来确定氮肥适宜用量，主要设4个处理：（1）不施化学氮肥；（2）70%的优化施氮量；（3）优化施氮量；（4）130%的优化施氮量。其中优化施肥量根据果树目标产量、养分吸收特点和土壤养分状况确定，磷钾肥按照正常优化施肥量投入。各处理详见表9。

表9　果树氮肥总量控制试验方案

试验编号	试验内容	处理	M	N	P	K
1	无氮区	$MN_0P_2K_2$	+	0	2	2
2	70%的优化氮区	$MN_1P_2K_2$	+	1	2	2
3	优化氮区	$MN_2P_2K_2$	+	2	2	2
4	130%的优化氮区	$MN_3P_2K_2$	+	3	2	2

说明：表9中M代表有机肥料；+：施用有机肥，其中有机肥的种类在当地应该有代表性，其施用数量在当地为中等偏下水平，一般为1~3方/亩。有机肥料的氮磷钾养分含量需要测定。0水平：指不施该种养分；1水平：适合于当地生产条件下的推荐值的70%；2水平：指适合于当地生产条件下的推荐值；3水平：该水平为过量施肥水平，为2水平氮肥适宜推荐量的1.3倍。

4.3.3.2　氮肥分期调控技术（X_2）

试验设3个处理：（1）一次性施氮肥，根据当地农民习惯的一次性施氮肥时期（如苹果在3月上中旬）；（2）分次施氮肥，根据果树营养规律分次施用（如苹果分春、夏、秋3次施用）；（3）分次简化施氮肥，根据果树营养规律及土壤特性在处理2基础上进行简化（如苹果可简化为夏秋两次施肥）。在采用优化施氮肥量的基础上，磷钾根据果树需肥规律与氮肥按优化比例投入。[0]

4.3.3.3　果树配方肥料试验（X_3）

试验设4个处理：（1）农民常规施肥；（2）区域大配方施肥处理（大区域的氮磷钾配比，包括基肥型和追肥型）；（3）局部小调整施肥处理（根据当地土壤养分含量进行适当调整）；（4）新型肥料处理（选择在当地有推广价值且养分配比适合供试果树的新型肥料如有机—无机复混肥、缓控释肥料等）。

4.3.3.4　中、微量元素试验（X_4）

果树中、微量元素主要包括Ca、Mg、S、Fe、Zn、B、Mo、Cu、Mn等，按照因缺补缺的原则，在氮磷钾肥优化的基础上，进行叶面施肥试验。

试验设3个处理：（1）不施肥处理，即不施中微量元素肥料；（2）全施肥处理，施入可能缺乏的一种或多种中微量元素肥料；（3）减素施肥处理，在处理2基础上，减去某一个中微量元素肥料。

可根据区域及土壤背景设置处理3的试验处理数量。试验以叶面喷施为主，在果树关键生长时期施用，喷施次数相同，喷施浓度根据肥料种类和养分含量换算成适宜的百分比浓度。

4.3.4 试验实施

4.3.4.1 试验地选择

果树试验地一般选择平坦或坡度平缓、整齐、肥力差异较小，具有代表性的不同肥力水平的地块；试验地应避开道路、堆肥场所等特殊地块。在不能进行大规模试验的情况下，通过调查进行相关分析以得到与配方施肥有关的参数；通过调查明确果园立地条件限制性因素（如土壤类型、土层厚度、障碍层、碳酸钙含量、土壤酸碱度等）。选作试验地的地块最好要有土地利用的历史记录，以便详细了解地块的情况。选择农户科技意识较强的地块布置试验，以便与农户沟通和严格的管理。

4.3.4.2 试验果树品种选择

田间试验应选择当地主栽果树树种或拟推广树种：北方选苹果、梨、桃、葡萄和樱桃，南方选柑橘、香蕉、菠萝和荔枝，作为模式品种。树龄以不同树种及品种盛果期树龄为主，乔砧果树建议以10~20年生盛果期大树为宜，矮化密植果树建议以8~15年生盛果期大树为宜。树种及品种的选择从模式品种中选择一种果树种类，此外可以选择以当地栽培面积较大且有代表性的主栽品种。

4.3.4.3 试验准备

试验应选择树龄、树势和产量相对一致的果树。一般至少选择同行相邻5~7株果树做一个重复。试验前采集土壤样品，按照测试要求制备土样。

4.3.4.4 试验重复与小区排列

为保证试验精度，减少人为因素、土壤肥力和气候因素的影响，果树田间试验一般应设3~5次重复，采用随机区组排列，区组内土壤、地形等条件应相对一致。

小区面积：以供试果树栽培规格为基础，每个处理实际株数的树冠垂直投影区加行间面积计算小区面积。

4.3.4.5 施肥方法

以放射沟和条沟法为主，或采用试验验证的高产施肥方法。

4.3.4.6 施肥时期

"X"动态优化施肥试验根据不同试验目的设计施肥时期，基础施肥试验根据果树年生长周期特点和高产栽培经验进行不同时期的肥料种类和数量（即肥料养分量比）分配，一般北方落叶果树按照萌芽期（3月上旬）、幼果期（6月中旬）、果实膨大期（7~8月）和采收后（秋冬季）分3~4个时期进行；常绿果树根据栽培目标分促梢肥、促花肥、膨果肥、采果肥等进行。

4.3.4.7 试验记载与测试

参照肥料效应鉴定田间试验技术规程（NY/T 497）执行，试验前采集基础土样进行测定，在果树营养性春梢停长秋梢尚未萌发（叶片养分相对稳定期）采集叶片样品，收获期采集果实样品，记载果实产量，进行果实品质和叶片养分测试。

4.3.5 试验统计分析

常规试验和回归试验的统计分析方法参见肥料效应鉴定田间试验技术规程（NY/T 497）或其他专业书籍。

4.4 肥料利用率田间试验

4.4.1 试验目的

通过多点田间氮肥、磷肥和钾肥的对比试验，摸清我国常规施肥下主要农作物氮肥、磷肥和钾肥的利用率现状和测土配方施肥提高氮肥、磷肥和钾肥利用率的效果，进一步推进测土配方施肥工作。

4.4.2 试验设计

常规施肥、测土配方施肥情况下主要农作物氮肥、磷肥和钾肥的利用率验证试验田间试验设计，取决于试验目的。本规范推荐试验采用对比试验，大区无重复设计（表10）。具体办法是选择1个代表当地土壤肥力水平的农户地块，先分成常规施肥和配方施肥2个大区（每个大区不少于1亩）。在2个大区中，除相应设置常规施肥和配方施肥小区外还要划定20~30m² 小区设置无氮、无磷和无钾小区（小区间要有明显的边界分隔），除施肥外，各小区其他田间管理措施相同。各处理布置如图1（小区随机排列）：

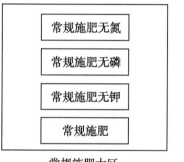

图1 各处理布置

表10 试验方案处理（推荐处理）

试验编号	处理
1	常规施肥
2	常规施肥无氮
3	常规施肥无磷
4	常规施肥无钾
5	配方施肥
6	配方施肥无氮
7	配方施肥无磷
8	配方施肥无钾

4.4.3 试验实施

4.4.3.1 试验地选择

试验地应选择平坦、整齐、肥力均匀，中等土壤肥力水平的地块；坡地应选择坡度平缓、肥力差异较小的田块；试验地应避开道路、堆肥场所等特殊地块。同一地块不能连续布置试验。

4.3.3.2 试验作物品种选择

田间试验以省（区、市）为单位部署。每种作物选择当地推广面积较大品种（至少5个品种），每个品种至少布置10个试验点，每个品种试验点尽量在该品种种植区内均匀布点。

4.4.3.3 试验准备

整地、设置保护行、试验地区划；小区应单灌单排，避免串灌串排；试验前采集土壤样品；依测试项目不同，分别制备新鲜或风干土样。

4.4.3.4 试验记载与测试

参照肥料效应鉴定田间试验技术规程（NY/T 497）执行，试验前采集基础土样进行测定，收获期采集植株样品，进行考种和生物与经济产量测定，进行籽粒（经济收获物）和茎叶（植株）氮、磷、钾分析。采集对比试验中所有处理的籽粒和茎叶样品。

肥料利用率田间试验结果汇总表见附表。

4.4.4 试验统计分析

4.4.4.1 常规施肥下氮肥利用率的计算

4.4.4.1.1 100kg 经济产量 N 养分吸收量

首先分别计算各个试验地点的常规施肥和常规无氮区的每形成100kg经济产量养分吸收量，计算公式如下：

100kg 经济产量 N 养分吸收量 =（籽粒产量×籽粒 N 养分含量 + 茎叶产量×茎叶 N 养分含量）/籽粒产量×100

然后，将本地该品种所有试验测试结果汇总，计算出该品种的平均值（表11）。

表11 _____省_____作物主要品种 100kg 经济产量 N 养分吸收量

主要作物品种	常规施肥区									常规无氮区								
	籽粒		茎叶		100kg 经济产量 N 养分吸收量	籽粒		茎叶		100kg 经济产量 N 养分吸收量
	产量	N 养分含量	产量	N 养分含量		产量	N 养分含量	产量	N 养分含量	
	kg/亩	%	kg/亩	%	kg	kg/亩	%	kg/亩	%	kg
品种1										
品种2										
品种3										
品种4										
品种5										

4.4.4.1.2 常规施肥下氮肥利用率（表12）

常规施肥区作物吸氮总量 = 常规施肥区产量×施氮下形成 100kg 经济产量养分吸收

量/100

无氮区作物吸氮总量 = 无氮区产量 × 无氮下形成 100kg 经济产量养分吸收量/100

氮肥利用率（%）=（常规施肥区作物吸氮总量 – 无氮区作物吸氮总量）/所施肥料中氮素的总量 ×100

表 12　_____省_____作物主要品种氮肥利用率

主要作物品种	氮肥利用率平均值（%）	标准差（%）
品种 1		
品种 2		
品种 3		
品种 4		
品种 5		

4.4.4.2　测土配方施肥下氮肥利用率计算

4.4.4.2.1　100kg 经济产量养分吸收量

首先分别计算各个试验地点的测土配方施肥和无氮区的每形成 100kg 经济产量养分吸收量，计算公式如下：

100kg 经济产量养分吸收量 =（籽粒产量 × 籽粒养分含量 + 茎叶产量 × 茎叶养分含量）/籽粒产量。

然后，将本地该品种所有结果汇总，计算出该品种的平均值（同表 11）。

4.4.4.2.2　测土配方施肥下氮肥利用率

测土配方施肥区作物吸氮总量 = 测土配方施肥区产量 × 施氮下形成 100kg 经济产量养分吸收量/100

无氮区作物吸氮总量 = 无氮区产量 × 无氮下形成 100kg 经济产量养分吸收量/100

氮肥利用率（%）=（测土配方施肥区作物吸氮总量 – 无氮区作物吸氮总量）/所施肥料中氮素的总量 ×100

记载表同表 12。

4.4.4.3　测土配方施肥提高肥料利用率的效果

利用上面结果，用测土配方施肥的利用率减去常规施肥的利用率即可计算出测土配方施肥提高肥料利用率的效果。

根据以上方法，分别计算出 100kg 经济产量 P_2O_5 养分吸收量和计算出 100kg 经济产量 K_2O 养分吸收量；测算出常规施肥情况下氮肥、磷肥、钾肥利用率，测土配方施肥情况下氮肥、磷肥、钾肥利用率以及测土配方施肥提高肥料利用率的效果。

5　样品采集与制备

采样人员要具有一定采样经验，熟悉采样方法和要求，了解采样区域农业生产情况。采样前，要收集采样区域土壤图、土地利用现状图、行政区划图等资料，绘制样点分布图，制订采样工作计划。准备 GPS、采样工具、采样袋（布袋、纸袋或塑料网袋）、采样标签等。

5.1 土壤样品采集

土壤样品采集应具有代表性和可比性，并根据不同分析项目采取相应的采样和处理方法。

5.1.1 采样单元

根据土壤类型、土地利用方式和行政区划，将采样区域划分为若干个采样单元，每个采样单元的土壤性状要尽可能均匀一致。参考第二次土壤普查采样点确定采样点位，形成采样点位图。实际采样时严禁随意变更采样点，若有变更须注明理由。

大田作物平均每个采样单元为 100 ~ 200 亩（平原区每 100 ~ 500 亩采一个样，丘陵区每 30 ~ 80 亩采一个样）。采样集中在位于每个采样单元相对中心位置的典型地块（同一农户的地块），采样地块面积为 1 ~ 10 亩。

蔬菜平均每个采样单元为 10 ~ 20 亩，温室大棚作物每 20 ~ 30 个棚室或 10 ~ 15 亩采一个样。采样集中在位于每个采样单元相对中心位置的典型地块（同一农户的地块），采样地块面积为 1 ~ 10 亩。

果树平均每个采样单元为 20 ~ 40 亩（地势平坦果园取高限，丘陵区果园取低限）。采样集中在位于每个采样单元相对中心位置的典型地块（同一农户的地块），采样地块面积为 1 ~ 5 亩。

有条件的地区，可以农户地块为土壤采样单元。采用 GPS 定位，记录采样地块中心点的经纬度，精确到 0.1″。

5.1.2 采样时间

大田作物一般在秋季作物收获后、整地施基肥前采集；蔬菜在收获后或播种施肥前采集，一般在秋后。设施蔬菜在凉棚期采集；果树在上一个生育期果实采摘后下一个生育期开始之前，连续一个月未进行施肥后的任意时间采集土壤样品。

5.1.3 采样周期

项目实施 3 年以后，为保证测试土壤样本数据可比性，根据项目年度取样数量，对照前 3 年取样点，进行周期性原位取样。同一采样单元，无机氮及植株氮营养快速诊断每季或每年采集 1 次；土壤有效磷、速效钾等一般 2 ~ 3 年采集 1 次；中、微量元素一般 3 ~ 5 年采集 1 次。肥料效应田间试验每年采样 1 次。

5.1.4 采样深度

大田作物采样深度为 0 ~ 20cm；蔬菜采样深度为 0 ~ 30cm；果树采样深度为 0 ~ 60cm，分为 0 ~ 30cm、30 ~ 60cm 采集基础土壤样品。如果果园土层薄（ < 60cm），则按照土层实际深度采集或只采集 0 ~ 30cm 土层；用于土壤无机氮含量测定的采样深度应根据不同作物、不同生育期的主要根系分布深度来确定。

5.1.5 采样点数量

要保证足够的采样点，使之能代表采样单元的土壤特性。采样必须多点混合，每个样点由 15 ~ 20 个分点混合而成。

5.1.6 采样路线

采样时应沿着一定的线路，按照"随机"、"等量"和"多点混合"的原则进行采样。一般采用"S"形布点采样。在地形变化小、地力较均匀、采样单元面积较小的情况下，也可采用"梅花"形布点采样（图 2）。要避开路边、田埂、沟边、肥堆等特殊部位。混合样点的样品采集要根据沟、垄面积的比例确定沟、垄采样点数量。

图2　样品采集分布示意图

5.1.7　采样方法

每个采样分点的取土深度及采样量应保持一致，土样上层与下层的比例要相同。取样器应垂直于地面入土，深度相同。用取土铲取样应先铲出一个耕层断面，再平行于断面取土。所有样品都应采用不锈钢取土器或木、竹制器采样。果树要在树冠滴水线附近或以树干为圆点向外延伸到树冠边缘的2/3处采集，距施肥沟（穴）10cm左右，避开施肥沟（穴），每株对角采2点。滴灌要避开滴灌头湿润区。

5.1.8　样品量

混合土样以取土1kg左右为宜（用于田间试验和耕地地力评价的2kg以上，长期保存备用），可用四分法将多余的土壤弃去。方法是将采集的土壤样品放在盘子里或塑料布上，弄碎、混匀，铺成正方形，画对角线将土样分成4份，把对角的两份分别合并成1份，保留1份，弃去1份。如果所得的样品依然很多，可再用四分法处理，直至所需数量为止（图3）。

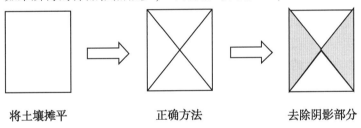

将土壤摊平　　　　　正确方法　　　　　去除阴影部分

图3　四分法取土样说明

5.1.9　样品标记

采集的样品放入统一的样品袋，用铅笔写好标签，内外各一张。采样标签样式见附表2。

5.2　土壤样品制备

5.2.1　新鲜样品

某些土壤成分如二价铁、硝态氮、铵态氮等在风干过程中会发生显著变化，必须用新鲜样品进行分析。为了能真实反映土壤在田间自然状态下的某些理化性状，新鲜样品要及时送回室内进行处理分析，用粗玻璃棒或塑料棒将样品混匀后迅速称样测定。

新鲜样品一般不宜贮存，如需要暂时贮存，可将新鲜样品装入塑料袋，扎紧袋口，放在冰箱冷藏室或进行速冻保存。

5.2.2　风干样品

从野外采回的土壤样品要及时放在样品盘上，摊成薄薄一层，置于干净整洁的室内通风处自然风干，严禁暴晒，并注意防止酸、碱等气体及灰尘的污染。风干过程中要经常翻动土样并将大土块捏碎以加速干燥，同时剔除侵入体。

风干后的土样按照不同的分析要求研磨过筛，充分混匀后，装入样品瓶中备用。瓶内外各放标签一张，写明编号、采样地点、土壤名称、采样深度、样品粒径、采样日期、采样人及制样时间、制样人等项目。制备好的样品要妥善贮存，避免日晒、高温、潮湿和酸碱等气体的污染。全部分析工作结束，分析数据核实无误后，试样一般还要保存 12～18 个月，以备查询。对于试验价值大、需要长期保存的样品，需保存于广口瓶中，用蜡封好瓶口。

5.2.2.1 一般化学分析试样

将风干后的样品平铺在制样板上，用木棍或塑料棍碾压，并将植物残体、石块等侵入体和新生体剔除干净。也可将土壤中侵入体和植株残体剔除后采用不锈钢土壤粉碎机制样。细小已断的植物须根，可采用静电吸附的方法清除。压碎的土样用 2mm 孔径筛过筛，未通过的土粒重新碾压，直至全部样品通过 2mm 孔径筛为止。将通过 2mm 孔径筛的土样用四分法取出约 100g 继续碾磨，余下的通过 2mm 孔径筛的土样用四分法取 500g 装瓶，用于 pH、盐分、交换性能及有效养分等项目的测定。取出约 100g 通过 2mm 孔径筛的土样继续研磨，使之全部通过 0.25mm 孔径筛，装瓶用于有机质、全氮、碳酸钙等项目的测定。

5.2.2.2 微量元素分析试样

用于微量元素分析的土样，其处理方法同一般化学分析样品，但在采样、风干、研磨、过筛、运输、贮存等环节，不要接触容易造成样品污染的铁、铜等金属器具。采样、制样推荐使用不锈钢、木、竹或塑料工具，过筛使用尼龙网筛等。通过 2mm 孔径尼龙筛的样品可用于测定土壤有效态微量元素。

5.2.2.3 颗粒分析试样

将风干土样反复碾碎，用 2mm 孔径筛过筛。留在筛上的碎石称量后保存，同时将过筛的土壤称重，计算石砾质量百分数。将通过 2mm 孔径筛的土样混匀后盛于广口瓶内，用于颗粒分析及其他物理性状测定。

若风干土样中有铁锰结核、石灰结核或半风化体，不能用木棍碾碎，应首先将其细心拣出称量保存，然后再进行碾碎。

5.3 植物样品的采集与制备

5.3.1 采样要求

植物样品分析的可靠性受样品数量、采集方法及植株部位影响，因此，采样应具有：

——代表性：采集样品能符合群体情况，采样量一般为 1kg。

——典型性：采样的部位能反映所要了解的情况。

——适时性：根据研究目的，在不同生长发育阶段，定期采样。

——粮食作物在成熟后收获前采集籽实部分及秸秆；果树在采果期采集同一植株的果实和叶片样品；发生偶然污染事故时，在田间完整地采集整株植株样品。

5.3.2 样品采集

5.3.2.1 粮食作物

由于粮食作物生长的不均一性，一般采用多点取样，避开田边 1m，按"梅花"形（适用于采样单元面积小的情况）或"S"形采样法采样。在采样区内采取 10 个样点的样品组成一个混合样。采样量根据检测项目而定，籽实样品一般 1kg 左右，装入纸袋或布袋。要采集完整植株样品可以稍多些，约 2kg，用塑料纸包扎好。

5.3.2.2 棉花样品

棉花样品包括茎秆、空桃壳、叶片、籽棉等部分。样株选择和采样方法参照粮食作物。按样区采集籽棉，第一次采摘后将籽棉放在通透性较好的网袋中晾干（或晒干），以后每次收获时均装入网袋中，各次采摘结束后，将同一取样袋中的籽棉作为该采样区籽棉混合样。

5.3.2.3 油菜样品

油菜样品包括籽粒、角壳、茎秆、叶片等部分。样株选择和采样方法参照粮食作物。鉴于油菜在开花后期开始落叶，至收获期植株上叶片基本全部掉落，叶片的取样应在开花后期，每区采样点不应少于 10 个（每点至少 1 株），采集油菜植株全部叶片。

5.3.2.4 蔬菜样品

蔬菜品种繁多，可大致分成叶菜、根菜、瓜果 3 类，按需要确定采样对象。菜地采样可按对角线或"S"形法布点，采样点不应少于 10 个，采样量根据样本个体大小确定，一般每个点的采样量不少于 1kg。

5.3.2.4.1 叶类蔬菜样品

从多个样点采集的叶类蔬菜样品，按四分法进行缩分，其中个体大的样本，如大白菜等可采用纵向对称切成 4 份或 8 份，取其 2 份的方法进行缩分，最后分取 3 份，每份约 1kg，分别装入塑料袋，粘贴标签，扎紧袋口。如需用鲜样进行测定，采样时最好连根带土一起挖出，用湿布或塑料袋装，防止萎蔫。采集根部样品时，在抖落泥土或洗净泥土过程中应尽量保持根系的完整。

5.3.2.4.2 瓜果类蔬菜样品

果菜类植株采样一定要均匀，取 10 棵左右植株，各器官按比例采取、最后混合均匀。收集老叶的生物量，同时收获时茎秆、叶片等都要收集称重。设施蔬菜地中植株取样应该统一在每行中间取植物样，以保证样品的代表性。收获期如果多次计产，则在收获中期采集果实样品进行养分测定；对于经常打掉老叶的设施果类蔬菜试验，需要记录老叶的干物质重量，多次采收计产的蔬菜需要计算经济产量及最后收获时茎叶重量即打掉老叶的重量；所有试验的茎叶果实分别计重，并进行氮磷钾养分测定。

5.3.2.5 果树样品

5.3.2.5.1 果实样品

进行"X"动态优化施肥试验的果园，要求每个处理都必须采样。基础施肥试验面积较大时，在平坦果园可采用对角线法布点采样，由采样区的一角向另一角引一对角线，在此线上等距离布设采样点，山地果园应按等高线均匀布点，采样点一般不应少于 10 个。对于树型较大的果树，采样时应在果树上、中、下、内、外部的果实着生方位（东南西北）均匀采摘果实。将各点采摘的果品进行充分混合，按四分法缩分，根据检验项目要求，最后分取所需份数，每份 20～30 个果实，分别装入袋内，粘贴标签，扎紧袋口。

5.3.2.5.2 叶片样品

一般分为落叶果树和常绿果树采集叶片样品。落叶果树，在 6 月中下旬至 7 月初营养性春梢停长秋梢尚未萌发即叶片养分相对稳定期，采集新梢中部第 7～9 片成熟正常叶片（完整无病虫叶），分树冠中部外侧的四个方位进行；对常绿果树，在 8～10 月（即在当年生营养春梢抽出后 4～6 个月）采集叶片，应在树冠中部外侧的四个方位采集生长中等的当年生营养春梢顶部向下第 3 叶（完整无病虫叶）。采样时间一般以上午 8～10 时采叶为宜。一个样品采 10 株，样品数量根据叶片大小确定，苹果等大叶一般 50～100 片；杏、柑橘等一般 100～200 片；葡萄要分叶柄和叶肉两部分，用叶柄进行养分测定。

5.3.3　标签内容

包括采样序号、采样地点、样品名称、采样人、采集时间和样品处理号等。

5.3.4　采样点调查内容

包括作物品种、土壤名称（或当地俗称）、成土母质、地形地势、耕作制度、前茬作物及产量、化肥农药施用情况、灌溉水源、采样点地理位置简图和坐标。

包括作物品种、土壤名称（或当地俗称）、成土母质、地形地势、耕作制度、前茬作物及产量、化肥农药施用情况、灌溉水源、采样点地理位置简图。

5.3.5　植株样品处理与保存

5.3.5.1　大田作物

粮食籽实样品应及时晒干脱粒，充分混匀后用四分法缩分至所需量。需要洗涤时，注意时间不宜过长并及时风干。为了防止样品变质、虫咬，需要定期进行风干处理。使用不污染样品的工具将籽实粉碎，用 0.5mm 筛子过筛制成待测样品。带壳类粮食如稻谷应去壳制成糙米，再进行粉碎过筛。测定微量元素含量时，不要使用能造成污染的器械。

完整的植株样品先洗干净，用不污染待测元素的工具剪碎样品，充分混匀用四分法缩分至所需的量，制成鲜样或于 60℃烘箱中烘干后粉碎备用。

5.3.5.2　蔬菜

完整的植株样品先洗干净，根据作物生物学特性差异，采用能反映特征的植株部位，用不污染待测元素的工具剪碎样品，充分混匀用四分法缩分至所需的数量，制成鲜样或于 85℃烘箱中杀酶 10 分钟后，保持 65～70℃恒温烘干后粉碎备用。田间所采集的新鲜蔬菜样品若不能马上进行分析测定，应将新鲜样品装入塑料袋，扎紧袋口，放在冰箱冷藏室或进行速冻保存。

5.3.5.3　果树

完整的植株叶片样品先洗干净，洗涤方法是先将中性洗涤剂配成 0.1% 的水溶液，再将叶片置于其中洗涤 30 秒钟，取出后尽快用清水冲掉洗涤剂，再用 0.2% HCL 溶液洗涤约 30 秒钟，然后用去离子水洗净。整个操作必须在 2 分钟内完成，以避免某些养分的损失。叶片洗净后必须尽快烘干，一般是将洗净的叶片用滤纸吸去水分，先置于 105℃鼓风干燥箱中杀酶 15～20 分钟，然后保持在 75～80℃条件下恒温烘干。烘干的样品从烘箱取出冷却后随即放入塑料袋里，用手在袋外轻轻搓碎，然后在玛瑙研钵或玛瑙球磨机或不锈钢粉碎机中磨细（若仅测定大量元素的样品可使用瓷研钵或一般植物粉碎机磨细），用 60 目（直径 0.25mm）尼龙筛过筛。干燥磨细的叶片样品，可用磨口玻璃瓶或塑料瓶贮存。若需长期保存，则需将密封瓶置于 -5℃下冷藏。

果实样品测定品质（糖酸比等）时，应及时将果皮洗净并尽快进行，若不能马上进行分析测定，应暂时放入冰箱保存。需测定养分的果实样品，洗净果皮后将果实切成小块，充分混匀用四分法缩分至所需的数量，仿叶片干燥、磨细、贮存方法进行处理。

6　土壤与植物测试

6.1　土壤测试（表13）

6.1.1　土壤质地

国际制；指测法或密度计法（粒度分布仪法）测定。

6.1.2 土壤容重

环刀法测定。

6.1.3 土壤水分

6.1.3.1 土壤含水量

烘干法测定。

6.1.3.2 土壤田间持水量

环刀法测定。

6.1.4 土壤酸碱度和石灰需要量

6.1.4.1 土壤 pH

土液比1:2.5，电位法测定。

6.1.4.2 土壤交换酸

氯化钾交换——中和滴定法测定。

6.1.4.3 石灰需要量

氯化钙交换——中和滴定法测定。

6.1.5 土壤阳离子交换量

EDTA-乙酸铵盐交换法测定。

6.1.6 土壤水溶性盐分

6.1.6.1 土壤水溶性盐分总量

电导率法或重量法测定。

6.1.6.2 碳酸根和重碳酸根

电位滴定法或双指示剂中和法测定。

6.1.6.3 氯离子

硝酸银滴定法测定。

6.1.6.4 硫酸根离子

硫酸钡比浊法或 EDTA 间接滴定法测定。

6.1.6.5 钙、镁离子

原子吸收分光光度计法测定。

6.1.6.6 钾、钠离子

火焰光度法或原子吸收分光光度计法测定。

6.1.7 土壤氧化还原电位

电位法测定。

6.1.8 土壤有机质

油浴加热重铬酸钾氧化容量法测定。

6.1.9 土壤氮

6.1.9.1 土壤全氮

凯氏蒸馏法测定。

6.1.9.2 土壤水解性氮

碱解扩散法测定。

6.1.9.3 土壤铵态氮

氯化钾浸提——靛酚蓝比色法（分光光度法）测定。

6.1.9.4 土壤硝态氮

氯化钙浸提——紫外分光光度计法或酚二磺酸比色法（分光光度法）测定。

6.1.10 土壤有效磷

碳酸氢钠或氟化铵–盐酸浸提——钼锑抗比色法（分光光度法）测定。

6.1.11 土壤钾

6.1.11.1 土壤缓效钾

硝酸提取——火焰光度计、原子吸收分光光度计法或 ICP 法测定。

6.1.11.2 土壤速效钾

乙酸铵浸提——火焰光度计、原子吸收分光光度计法或 ICP 法测定。

6.1.12 土壤交换性钙镁

乙酸铵交换——原子吸收分光光度计法或 ICP 法测定。

6.1.13 土壤有效硫

磷酸盐–乙酸或氯化钙浸提——硫酸钡比浊法测定。

6.1.14 土壤有效硅

柠檬酸或乙酸缓冲液浸提–硅钼蓝比色法（分光光度法）测定。

6.1.15 土壤有效铜、锌、铁、锰

DTPA 浸提–原子吸收分光光度计法或 ICP 法测定。

6.1.16 土壤有效硼

沸水浸提——甲亚胺–H 比色法（分光光度法）或姜黄素比色法（分光光度法）或 ICP 法测定。

6.1.17 土壤有效钼

草酸–草酸铵浸提——极谱法测定。

6.1.18 土壤重金属

6.1.18.1 全量铅、镉、铬

干灰化法处理——原子吸收分光光度计法或 ICP 法测定。

6.1.18.2 全量汞

湿灰化处理——冷原子吸收（或荧光）光度计法。

6.1.18.3 全量砷

干灰化处理——共价氢化物原子荧光光度法或 ICP 法测定。

表 13 测土配方施肥和耕地地力评价土壤样品测试项目汇总

	测试项目	大田作物测土施肥	蔬菜测土施肥	果树测土施肥	耕地地力评价
1	土壤质地指测法	必测			
2	土壤质地，比重计法	选测			
3	土壤容重	选测			
4	土壤含水量	选测			

（续表）

	测试项目	大田作物测土施肥	蔬菜测土施肥	果树测土施肥	耕地地力评价
5	土壤田间持水量	选测			
6	土壤 pH	必测	必测	必测	必测
7	土壤交换酸	选测			
8	石灰需要量	pH 值 <6 的样品必测	pH 值 <6 的样品必测	pH 值 <6 的样品必测	
9	土壤阳离子交换量	选测		选测	
10	土壤水溶性盐分	选测	必测	必测	
11	土壤氧化还原电位	选测			
12	土壤有机质	必测	必测	必测	必测
13	土壤全氮	选测			必测
14	土壤水解性氮	至少测试 1 项	至少测试 1 项	必测	
15	土壤铵态氮				
16	土壤硝态氮				
17	土壤有效磷	必测	必测	必测	必测
18	土壤缓效钾	必测			必测
19	土壤速效钾	必测	必测	必测	必测
20	土壤交换性钙镁	pH 值 <6.5 的样品必测	选测	必测	
21	土壤有效硫	必测			
22	土壤有效硅	选测			
23	土壤有效铁、锰、铜、锌、硼	必测	选测	选测	
24	土壤有效钼	选测，豆科作物产区必测	选测		

注：用于耕地地力评价的土壤样品，除以上养分指标必测外，项目县如果选择其他养分指标作为评价因子，也应当进行分析测试。

6.2 植物测试（表14）

6.2.1 全氮、全磷、全钾

硫酸—过氧化氢消煮，或水杨酸—锌粉还原，硫酸—加速剂消煮，全氮采用蒸馏滴定法测定；全磷采用钒钼黄或钼锑抗比色法（分光光度法）测定；全钾采用火焰光度法或原子吸收分光光度计法测定。

6.2.2 水分

常压恒温干燥法或减压干燥法测定。

6.2.3 粗灰分

干灰化法测定。

6.2.4 全钙、全镁

干灰化—稀盐酸溶解法或硝酸—高氯酸消煮，原子吸收分光光度计法或 ICP 法测定。

6.2.5 全硫

硝酸—高氯酸消煮法或硝酸镁灰化法，硫酸钡比浊法或ICP法测定。

6.2.6 全硼、全钼

干灰化—稀盐酸溶解，硼采用姜黄素或甲亚胺比色法（分光光度法）测定，钼采用石墨炉原子吸收法或极谱法测定。

6.2.7 全量铜、锌、铁、锰

干灰化或湿灰化，原子吸收分光光度计法或ICP法测定。

6.3 植株营养诊断

6.3.1 硝态氮田间快速诊断

水浸提，硝酸盐反射仪法测定。

6.3.2 冬小麦/夏玉米植株氮营养田间诊断

小麦茎基部、夏玉米最新展开叶叶脉中部榨汁，硝酸盐反射仪法测定。

6.3.3 水稻氮营养快速诊断

叶绿素仪或叶色卡法测定。

6.3.4 蔬菜叶片营养诊断

取幼嫩成熟叶片的叶柄，剪碎加纯水或2%的醋酸研磨成浆状，稀释定容，提取液用紫外分光光度法或反射仪法测定硝态氮，钼锑抗显色分光光度法测无机磷（必须在2h内完成），火焰光度法或原子吸收分光光度计法测定全钾。

6.3.5 果树叶片营养诊断

按照5.3.2.5.2和5.3.5.3节的方法采集和制备叶片样品，用硫酸—过氧化氢消煮，蒸馏滴定法测定全氮，钒钼黄显色分光光度法测定全磷，火焰光度法或原子吸收分光光度计法测定全钾。

6.3.6 叶片金属营养元素快速测试

稀盐酸浸提快速法：称取样品1g（称准至0.1mg）置于三角瓶中，加入1mol/L盐酸50ml，置于振荡机上振荡1.5h，过滤。滤液供原子吸收分光光度法或电感耦合等离子体发射光谱法（ICP）测定钾、钙、镁、铁、锰、铜、锌等元素。

6.4 品质测定

6.4.1 维生素C

草酸提取-2,6-二氯靛酚滴定法或盐酸提取—碘酸钾滴定法。

6.4.2 硝酸盐

水提取—紫外分光光度计法测定。

6.4.3 可溶性固形物

手持式糖量计测定法或阿贝折射仪测定法。

6.4.4 可溶性糖

斐林氏容量法或手持式糖量计测定法。

6.4.5 可滴定酸

氢氧化钠中和滴定法。

表14　测土配方施肥植株样品测试项目汇总

	测试项目	大田作物测土配方施肥	蔬菜测土配方施肥	果树测土配方施肥
1	全氮、全磷、全钾	必测	必测	必测
2	水分	必测	必测	必测
3	粗灰分	选测	选测	选测
4	全钙、全镁	选测	选测	选测
5	全硫	选测	选测	选测
6	全硼、全钼	选测	选测	选测
7	全量铜、锌、铁、锰	选测	选测	选测
8	硝态氮田间快速诊断	选测	选测	选测
9	冬小麦/夏玉米植株氮营养田间诊断	选测		
10	水稻氮营养快速诊断	选测		
11	蔬菜叶片营养诊断		必测	
12	果树叶片营养诊断			必测
13	叶片金属营养元素快速测试		选测	选测
14	维生素C		选测	选测
15	硝酸盐		选测	选测
16	可溶性固形物			选测
17	可溶性糖			选测
18	可滴定酸			选测

7　田间基本情况调查

7.1　调查内容

在土壤取样的同时，调查田间基本情况，填写测土配方施肥采样地块基本情况调查表，见附表3。同时开展农户施肥情况调查，填写农户施肥情况调查表，见附表7，参见12.2.1.2。

7.2　调查对象

调查对象是采样点所属村组人员和地块所属农户。

8　基础数据库的建立

8.1　数据库建立标准

8.1.1　属性数据标准

按照测土配方施肥数据字典建立属性数据的采集标准。采集标准包含对每个指标完整的命名、格式、类型、取值区间等定义。在建立属性数据库时要按数据字典要求，制订统一的基础数据编码规则，进行属性数据录入。

8.1.2 空间数据标准

县级地图采用 1：50 000 地形图为空间数学框架基础。

投影方式：高斯—克吕格投影，6 度分带。

坐标系及椭球参数：北京 54。

野外调查 GPS 定位数据：初始数据采用经纬度，统一采用 GW84 坐标系，并在调查表格中记载；装入 GIS 系统与图件匹配时，再投影转换为上述直角坐标系坐标。

8.2 数据库建立方法

8.2.1 属性数据库建立

属性数据库的内容包括田间试验示范数据、土壤与植物测试数据、田间基本情况及农户调查数据等。属性数据库的建立应独立于空间数据，按照数据字典要求在测土配方施肥数据库中建立。

8.2.2 空间数据库建立

空间数据库的内容包括土壤图、土地利用现状图、行政区划图、采样点位图等。应用 GIS 软件，采用数字化仪或扫描后屏幕数字化的方式录入。图件比例尺为 1：50 000。

8.2.3 施肥指导单元属性数据获取

可由土壤图、土地利用现状图和行政区划图叠加求交生成施肥指导单元图。在指导单元图内统计采样点，如果一个单元内有一个采样点，则该单元的数值就用该点的数值，如果一个单元内有多个采样点，则该单元的数值可采用多个采样点的平均值（数值型取平均值，文本型取大样本值，下同）；如果某一单元内没有采样点，则该单元的值可用与该单元相邻同土种的单元的值代替；如果没有同土种单元相邻，或相邻同土种单元也没有数据则可用与之相邻的所有单元（有数据）的平均值代替。

8.3 数据库的质量控制

8.3.1 属性数据质量控制

数据录入前应仔细审核，数值型资料应注意量纲、上下限，地名应注意汉字多音字、繁简体、简全称等问题，审核定稿后再录入。为保证数据录入准确无误，录入后还应逐条检查。

8.3.2 图件数据质量控制

扫描影像能够区分图中各要素，若有线条不清晰现象，需重新扫描。

扫描影像数据经过角度纠正，纠正后的图幅下方两个内图廓点的连线与水平线的角度误差不超过 0.2 度。

公里网格线交叉点为图形纠正控制点，每幅图应选取不少于 20 个控制点，纠正后控制点的点位绝对误差不超过 0.2mm（图面值）。

矢量化：要求图内各要素的采集无错漏现象，图层分类和命名符合统一的规范，各要素的采集与扫描数据相吻合，线划（点位）整体或部分偏移的距离不超过 0.3mm（图面值）。

所有数据层具有严格的拓扑结构。面状图形数据中没有碎片多边形。图形数据及属性数据的输入正确。

8.3.3 图件输出质量要求

图须覆盖整个辖区，不得丢漏。

图中要素必有项目包括评价单元图斑、各评价要素图斑和调查点位数据、线状地物、注记。要素的颜色、图案、线型等表示符合规范要求。

图外要素必有项目包括图名、图例、坐标系及高程系说明、成图比例尺、制图单位全称、制图时间等。

8.3.4 面积数据要求

耕地面积数据以当地政府公布的数据（土地详查面积）为控制面积。

8.3.5 统一的系统操作和数据管理

设置统一的系统操作和数据管理，各级用户通过规范的操作，来实现数据的采集、分析、利用和传输等功能。

9 肥料配方设计

9.1 基于田块的肥料配方设计

基于田块的肥料配方设计首先确定氮、磷、钾养分的用量，然后确定相应的肥料组合，通过提供配方肥料或发放配肥通知单，指导农民使用。肥料用量的确定方法主要包括土壤与植物测试推荐施肥方法、肥料效应函数法、土壤养分丰缺指标法和养分平衡法。

9.1.1 土壤与植物测试推荐施肥方法

对于大田作物，在综合考虑有机肥、作物秸秆应用和管理措施的基础上，根据氮、磷、钾和中、微量元素养分的不同特征，采取不同的养分优化调控与管理策略。其中，氮肥推荐根据土壤供氮状况和作物需氮量，进行实时动态监测和精确调控，包括基肥和追肥的调控；磷、钾肥通过土壤测试和养分平衡进行监控；中、微量元素采用因缺补缺的矫正施肥策略。该技术包括氮素实时监控、磷钾养分恒量监控和中、微量元素养分矫正施肥技术。

9.1.1.1 氮素实时监控施肥技术

根据不同土壤、不同作物、同一作物的不同品种、不同目标产量确定作物需氮量，以需氮量的 30% ~60% 作为基肥用量。具体基施比例根据土壤全氮含量，同时参照当地丰缺指标来确定。一般在全氮含量偏低时，采用需氮量的 50% ~60% 作为基肥；在全氮含量居中时，采用需氮量的 40% ~50% 作为基肥；在全氮含量偏高时，采用需氮量的 30% ~40% 作为基肥。30% ~60% 基肥比例可根据上述方法确定，并通过"3414"田间试验进行校验，建立当地不同作物的施肥指标体系。有条件的地区可在播种前对 0~20cm 土壤无机氮（或硝态氮）进行监测，调节基肥用量。

$$基肥用量(千克／亩) = \frac{(目标产量需氮量 - 土壤无机氮) \times (30\% ~ 60\%)}{肥料中养分含量 \times 肥料当季利用率}$$

其中：土壤无机氮（kg/亩）＝土壤无机氮测试值（mg/kg）×0.15×校正系数

氮肥追肥用量推荐以作物关键生育期的营养状况诊断或土壤硝态氮的测试为依据，这是实现氮肥准确推荐的关键环节，也是控制过量施氮或施氮不足、提高氮肥利用率和减少损失的重要措施。测试项目主要是土壤全氮含量、土壤硝态氮含量或小麦拔节期茎基部硝酸盐浓度、玉米最新展开叶叶脉中部硝酸盐浓度，水稻采用叶色卡或叶绿素仪进行叶色诊断，参见 6.3。

9.1.1.2 磷钾养分恒量监控施肥技术

根据土壤有（速）效磷、钾含量水平，以土壤有（速）效磷、钾养分不成为实现目标产量的限制因子为前提，通过土壤测试和养分平衡监控，使土壤有（速）效磷、钾含量保持在一定范围内。对于磷肥，基本思路是根据土壤有效磷测试结果和养分丰缺指标进行分级，当有效磷水平处在中等偏上时，可以将目标产量需要量（只包括带出田块的收获物）

的 100%～110%作为当季磷肥用量；随着有效磷含量的增加，需要减少磷肥用量，直至不施；随着有效磷的降低，需要适当增加磷肥用量，在极缺磷的土壤上，可以施到需要量的150%～200%。在 2～3 年后再次测土时，根据土壤有效磷和产量的变化再对磷肥用量进行调整。钾肥首先需要确定施用钾肥是否有效，再参照上面方法确定钾肥用量，但需要考虑有机肥和秸秆还田带入的钾量。一般大田作物磷、钾肥料全部做基肥。

9.1.1.3　中、微量元素养分矫正施肥技术

中、微量元素养分的含量变幅大，作物对其需要量也各不相同。主要与土壤特性（尤其是母质）、作物种类和产量水平等有关。矫正施肥就是通过土壤测试，评价土壤中、微量元素养分的丰缺状况，进行有针对性的因缺补缺的施肥。

9.1.2　肥料效应函数法

根据"3414"方案田间试验结果建立当地主要作物的肥料效应函数，直接获得某一区域、某种作物的氮、磷、钾肥料的最佳施用量，为肥料配方和施肥推荐提供依据。

9.1.3　土壤养分丰缺指标法

通过土壤养分测试结果和田间肥效试验结果，建立大田作物作物、不同区域的土壤养分丰缺指标，提供肥料配方。

土壤养分丰缺指标田间试验也可采用"3414"部分实施方案，详见 4.2.2。"3414"方案中的处理 1 为空白对照（CK），处理 6 为全肥区（NPK），处理 2、4、8 为缺素区（即 PK、NK 和 NP）。收获后计算产量，用缺素区产量占全肥区产量百分数即相对产量的高低来表达土壤养分的丰缺情况。相对产量低于 60%（不含）的土壤养分为低；相对产量 60%～75%（不含）为较低，75%～90%（不含）为中，90%～95%（不含）为较高，95%（含）以上为高，从而确定适用于某一区域、某种作物的土壤养分丰缺指标及对应的肥料施用数量。对该区域其他田块，通过土壤养分测试，就可以了解土壤养分的丰缺状况，提出相应的推荐施肥量。

9.1.4　养分平衡法

9.1.4.1　基本原理与计算方法

根据作物目标产量需肥量与土壤供肥量之差估算施肥量，计算公式为：

$$施肥量（千克／亩）= \frac{目标产量所需养分总量 - 土壤供肥量}{肥料中养分含量 \times 肥料当季利用率}$$

养分平衡法涉及目标产量、作物需肥量、土壤供肥量、肥料利用率和肥料中有效养分含量五大参数。土壤供肥量即为"3414"方案中处理 1 的作物养分吸收量。目标产量确定后因土壤供肥量的确定方法不同，形成了地力差减法和土壤有效养分校正系数法两种。

地力差减法是根据作物目标产量与基础产量之差来计算施肥量的一种方法。其计算公式为：

$$施肥量（千克／亩）=$$
$$\frac{目标产量 \times 全肥区经济产量单位养分吸收量 - 缺素区产量 \times 缺素区经济产量单位养分吸收量}{肥料中养分含量 \times 肥料利用率}$$

土壤有效养分校正系数法是通过测定土壤有效养分含量来计算施肥量。其计算公式为：

$$施肥量（千克／亩）=$$
$$\frac{作物单位产量养分吸收量 \times 目标产量 - 土壤测试值 \times 0.15 \times 土壤有效养分校正系数}{肥料中养分含量 \times 肥料利用率}$$

9.1.4.2 有关参数的确定

——目标产量

目标产量可采用平均单产法来确定。平均单产法是利用施肥区前三年平均单产和年递增率为基础确定目标产量，其计算公式是：

$$目标产量（kg/亩） = （1 + 递增率） \times 前3年平均单产（kg/亩）$$

一般粮食作物的递增率为 10% ~ 15%。

——作物需肥量

通过对正常成熟的农作物全株养分的分析，测定各种作物百千克经济产量所需养分量，乘以目标常量即可获得作物需肥量。

$$作物目标产量所需养分量（kg） = \frac{目标产量（千克）}{100} \times 百千克产量所需养分量（千克）$$

——土壤供肥量

土壤供肥量可以通过测定基础产量、土壤有效养分校正系数两种方法估算：

通过基础产量估算（处理1产量）：不施肥区作物所吸收的养分量作为土壤供肥量。

$$土壤供肥量（kg） = \frac{不施养分区农作物产量（千克）}{100} \times 百千克产量所需养分量（千克）$$

——肥料利用率

一般通过差减法来计算：利用施肥区作物吸收的养分量减去不施肥区农作物吸收的养分量，其差值视为肥料供应的养分量，再除以所用肥料养分量就是肥料利用率。

$$肥料利用率（\%） = \frac{施肥区农作物吸收养分量（千克／亩）- 缺素区农作物吸收养分量（千克／亩）}{肥料施用量（千克／亩）\times 肥料中养分含量（\%）} \times 100$$

上述公式以计算氮肥利用率为例来进一步说明。

施肥区（NPK区）农作物吸收养分量（kg/亩）："3414"方案中处理6的作物总吸氮量；

缺氮区（PK区）农作物吸收养分量（kg/亩）："3414"方案中处理2的作物总吸氮量；

肥料施用量（kg/亩）：施用的氮肥肥料用量；

肥料中养分含量（%）：施用的氮肥肥料所标明的含氮量。

如果同时使用了不同品种的氮肥，应计算所用的不同氮肥品种的总氮量。

——肥料养分含量

供施肥料包括无机肥料与有机肥料。无机肥料、商品有机肥料含量按其标明量，不明养分含量的有机肥料养分含量可参照当地不同类型有机肥养分平均含量获得。

9.2 县域施肥分区与肥料配方设计

县域测土配方施肥以土壤类型（土种）、土地利用方式和行政区划（村）的结合作为施肥指导单元，具体工作中可应用土壤图、土地利用现状图和行政区划图叠加求交生成施肥指导单元。应用最适合于当地实际情况的肥料用量推荐方式计算每一个施肥指导单元所需要的氮肥、磷肥、钾肥及微肥用量，根据氮、磷、钾的比例，结合当地肥料生产、销售、使用的实际情况为不同作物设计肥料配方，形成县域施肥分区图。

9.2.1 施肥指导单元目标产量的确定及单元肥料配方设计

施肥指导单元目标产量确定可采用平均单产法或其他适合于当地的计算方法。

根据每一个施肥指导单元氮、磷、钾及微量元素肥料的需要量设计肥料配方，设计配方时可只考虑氮、磷、钾的比例，暂不考虑微量元素肥料。在氮、磷、钾三元素中，可优先考虑磷、钾的比例设计肥料配方。

9.2.2 区域肥料配方设计

区域肥料配方一般以县为单位设计，施肥指导单元肥料配方要做到科学性、实用性的统一，应该突出个性化，区域肥料配方在考虑科学性、实用性的基础上，还要兼顾企业生产供应的可行性，数量不宜太多。

区域肥料配方设计以施肥指导单元肥料配方为基础，应用相应的数学方法（如聚类分析）将大量的配方综合形成有限的几种配方。

设计配方时不仅要考虑农艺需要，还要综合考虑肥料生产厂家、销售商及农民用肥习惯等多种因素，确保设计的肥料配方不仅科学合理，还要切实可行。

9.2.3 制作县域施肥分区图

区域肥料配方设计完成后，按照最大限度节省肥料的原则为每一个施肥指导单元推荐肥料配方，具有相同肥料配方的施肥指导单元即为同一个施肥分区。将施肥指导单元图根据肥料配方进行渲染后即形成了区域施肥分区图。

9.2.4 肥料配方校验

在肥料配方区域内针对特定作物，进行肥料配方验证试验。

9.3 测土配方施肥建议发布

充分应用信息手段如报纸、电视、互联网、触摸屏、掌上电脑、智能手机等发布施肥建议。

10 配方肥料的供应

根据各县主要作物品种的面积、区划，对已研制的合理配方，按照"大配方，小调整"的原则，充分考虑批量化生产的可行性，优化肥料配方，省级土壤肥料技术部门通过媒体向社会公布配方。引导企业生产供应配方肥，指导农民科学合理施用配方肥。

11 配方肥料合理施用

在养分需求与供应平衡的基础上，坚持有机肥料与无机肥料相结合；坚持大量元素与中量元素、微量元素相结合；坚持基肥与追肥相结合；坚持施肥与其他措施相结合。在确定肥料用量和肥料配方后，合理施肥的重点是选择肥料种类、确定施肥时期、比例和施肥方法等。

11.1 配方肥料种类

根据土壤性状、肥料特性、作物营养特性、肥料资源等综合因素确定肥料种类，可选用单质或复混肥料自行配制配方肥料，也可直接购买配方肥料。

11.2 施肥时期

根据肥料性质和植物营养特性，适时施肥。植物生长旺盛和吸收养分的关键时期应重点施肥，有灌溉条件的地区应分期施肥。对作物不同时期的氮肥推荐量的确定，有条件区域应建立并采用实时监控技术。

11.3 施肥方法

常用的施肥方式有撒施后耕翻、条施、穴施等。应根据作物种类、栽培方式、肥料性质等选择适宜施肥方法。例如配方肥料一般作为基肥施用，撒施后结合整地翻入土壤。

12 示范及效果评价

12.1 田间示范

12.1.1 示范方案

每县在大田作物、主要蔬菜、主要果树上分别设 20~30 个测土配方施肥示范点，进行田间对比示范（图4）。示范设置常规施肥对照区和测土配方施肥区两个处理，蔬菜果树测土配方施肥区是集成优化施肥，另外大田作物设一个不施肥的空白处理，其中大田作物测土配方施肥、农民常规施肥处理面积不少于 $200m^2$、空白对照（不施肥）处理不少于 $30m^2$；蔬菜两个处理面积不少于 $100m^2$；果树每个处理果树数不少于 25 株。其他参照一般肥料试验要求。通过田间示范，综合比较肥料投入、作物产量、经济效益、肥料利用率等指标，客观评价测土配方施肥效益，为测土配方施肥技术参数的校正及进一步优化肥料配方提供依据。田间示范应包括规范的田间记录档案和示范报告，具体记录内容参见附表5测土配方施肥田间示范结果汇总表。

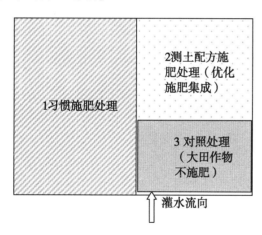

注：习惯施肥处理完全由农民按照当地习惯进行施肥管理；测土配方施肥处理只是按照试验要求改变施肥数量和方式，对照处理则不施任何化学肥料，其他管理与习惯处理相同。处理间要筑田埂及排、灌沟，单灌单排，禁止串排串灌。

图4 测土配方施肥示范小区排列示意图

12.1.2 结果分析与数据汇总

对于每一个示范点，可以利用两到三个处理之间产量、肥料成本、产值等方面的比较，从增产和增收等角度进行分析，同时也可以通过测土配方施肥产量结果与计划产量之间的比较，进行参数校验。有关增产增收的分析指标如图4：

12.1.2.1 增产率

测土配方施肥产量与对照（常规施肥或不施肥处理）产量的差值相对于对照产量的百分数。

$$增产率（\%）= \frac{测土配方施肥产量 - 对照产量}{对照产量} \times 100$$

12.1.2.2 增收

测土配方施肥比对照（常规施肥或不施肥处理）增加的纯收益。

增收（元/亩）=（测土配方施肥产量–对照产量）×产品单价–（测土配方施肥肥料成本–对照肥料成本）

12.2 农户调查反馈

12.2.1 农户施肥情况的调查

12.2.1.1 测土样点农户的调查与跟踪

每县大田作物选择100～200个有代表性的农户进行跟踪监测，蔬菜选择30～50个有代表性的农户进行跟踪监测，果树选择20～30个有代表性的果农进行跟踪监测，调查填写《农户施肥情况调查表》，见附表7。

12.2.1.2 农户施肥调查

每县大田作物选择100个以上、蔬菜选择30个以上、果树选择20个以上有代表性的农户，开展农户施肥调查，以权重、按比例选择测土配方施肥农户、常规施肥农户及不同生产水平的农户，调查内容参见附表7，再作汇总分析，以县为单位完成《农户测土配方施肥准确度的评价统计表》，见附表6。

12.2.2 测土配方施肥的效果评价方法

12.2.2.1 测土配方施肥农户与常规施肥农户比较

从作物产量、效益、地力变化等方面进行评价。

12.2.2.2 农户测土配方施肥前后的比较

从农民实施测土配方施肥前后的产量、效益进行评价。

12.2.2.3 测土配方施肥准确度的评价

从农户和作物两方面对测土配方施肥技术准确度进行评价。

13 实验室建设与质量控制

13.1 实验室建设

13.1.1 实验室布局

实验室使用面积不小于$200m^2$，由样品处理室、样品保存室、天平室、电热室、分析室、浸提室、贮藏室、危险品贮藏室等组成。

样品干燥需要自然或强制通风，可安装远红外加热设备，但室温不宜超过40℃。样品研磨需要强制通风、除尘。

样品保存室用于存放样品和参比样，一般样品需保存3～12个月，肥料田间试验的基础土壤样品应长期保存。

贮藏室是化验室备用物品贮藏的场所，主要是备用的化学试剂和仪器设备、备件等，必须独立。

浸提室应配置空调，用于样品浸提、稀释、显色等。

分析室应配置空调，用于放置原子吸收分光光度计（强排风）、火焰光度计（强排风）、紫外—可见分光光度计、酸度计等仪器及分析操作使用，仪器应配置标准数据接口或计算机，用于数据自动采集。

危险品贮藏室最好设于大楼以外，主要存放少量易燃、易爆和剧毒危险品，必须有防渗、防爆、防盗设计。

浸提室、分析室等均需设上下水管线，配置防溅洒防护装置，如洗眼器、淋浴喷头等。

13.1.2　环境

制定具体措施，①保证检测工作不受外部环境影响；②保证检测的废液、废水等有害物质对周围环境不产生不利影响；③保证检测人员的身体健康。

13.1.3　仪器

主要包括以下仪器设备：原子吸收分光光度计、火焰光度计、紫外—可见分光光度计、凯氏定氮仪、酸度计、电导仪、超纯水器、样品粉碎机、振荡机、电热干燥箱、电子天平和计算机等。

13.1.4　人员

应配备与检测任务相适应的技术人员。

13.2　质量控制

13.2.1　实验室环境条件的控制

一般可参考以下要求：

环境温度：$15 \sim 35℃$；

相对湿度：$20\% \sim 75\%$；

电源电压：$220V \pm 11V$，注意接地良好；

噪声：仪器室噪声 $<55dB$，工作间噪声 $<70dB$；

含尘量：$<0.28mg/m^3$；

照度：（$200 \sim 350$）lx；

振动：天平室、仪器室应在 4 级以下，振动速度 $<0.20mm/s$；

特殊仪器设备的使用，特殊样品试剂的存放和特殊分析项目的开展，应满足其各自规定的环境条件。

13.2.2　人力资源的控制

按照计量认证的要求，配备相应的专业技术人员，定期培训，定期考核，确保人员素质。

13.2.3　仪器设备及标准物质控制

实验室计量器具主要有仪器设备、玻璃量器、标准物质三类。

13.2.3.1　仪器设备

应购买已获产品质量认证的专业厂家生产的产品。对检测准确性和有效性有影响的仪器设备，应制定周期校核、检定计划。属强制性检定的，应定期送法定机构检定；属非强制性检定但有检定规程的，一般也应定期送检或自检，但自检应建标并考核合格；属非强制性检定又无检定规程的或不属计量器具但对检测准确性和有效性有影响的，应定期组织自校或验证。自检和验证常用的方法应使用有证标准物质和组织实验室间比对等。

13.2.3.2　玻璃量器

应购置有《制造计量器具许可证》的产品。玻璃量器应按周期进行检定，其中与标准溶液配制、标定有关的，定期送法定机构检定，其余的由本单位具有检定员资格的人员按有关规定自检。

13.2.3.3　标准物质

应购买国务院有关业务主管部门批准、并授权生产，附有标准物质证书且在有效期内的产品。实验室的参比样品、工作标准溶液等应溯源到国家有证标准物质。

13.2.3.4 参比样制备

13.2.3.4.1 土样采集

选择有代表性的土壤类型，采集耕层土样，每类土样不低于 1 000kg。样品采集要防止污染。

13.2.3.4.2 样品制备

①风干：将田间采集的土壤摊平，放在无污染的塑料薄膜上风干。剔除植物残体、砂砾石块等侵入体和新生体。干燥期间注意防尘，避免直接暴晒。②磨碎与过筛：用机械粉碎机制样，通过 0.25mm 孔径筛。在研磨与过筛过程中应注意样品的再次除杂。为提高样品的稳定性，有条件的地方可将过筛后的样品通过 105℃ 烘干 6h 处理。③混匀：把通过 0.25mm 孔径筛的土壤样品全部置于无污染的搅拌器内（如混凝土搅拌机或 BB 肥混合器）搅拌，直到搅拌均匀为止，搅拌时间由土样数量和搅拌器性能而定。将混匀的样品全都分装到塑料瓶中（样重约 1kg），备用。④均匀性检查：当最小包装单元总量小于 500 瓶时，可按随机数表抽取 15 ~ 25 （一般为 20 瓶）瓶，大于 500 瓶时，按 $3 \times \sqrt[3]{n}$ 计算抽样数；抽取的每个包装单元再分上下两层各抽取 30g 样品进行测定，推荐检查测定项目为有机质、速效钾和有效铜（或锰），测定时每个项目由同一人在同一实验条件下在尽量短的时间内完成；测试结果采用单因子方差分析法判定，当测定项目均为 F 计算值≤0.05 临界值时，则可以认为该批样品均匀。⑤定值：按检测要求将一定量的样品分发至 8 个以上条件良好的实验室，同一项目用统一的方法进行测试分析，结果经整理统计后，得到平均值和标准差。检测项目包括：有机质、pH 值、全氮、全磷、全钾、阳离子交换量、水解性氮、有效磷、速效钾、缓效钾、有效中、微量元素等。⑥稳定性检查：样品定值后由制备单位会同 2 ~ 3 个条件良好的化验室进行稳定性检查，第一个年度内检查一次，以后每 2 ~ 3 个年度内检查 1 次，检查参比样的定值是否在方法的允许误差范围内。

13.2.4 实验室内的质量控制

13.2.4.1 标准溶液的校准

标准溶液分为元素标准溶液和标准滴定溶液两类。应严格按照国家有关标准配置、使用和保存。

13.2.4.2 空白试验

空白值的大小和分散程度，影响着方法的检测限和结果的精密度。影响空白值的主要因素：纯水质量、试剂纯度、试液配制质量、玻璃器皿的洁净度、精密仪器的灵敏度和精密度、实验室的清洁度、分析人员的操作水平和经验等。空白试验一般平行测定的相对差值不应大于 50%，同时，应通过大量的试验，逐步总结出各种空白值的合理范围。每个测试批次及重新配置药剂都要增加空白。

13.2.4.3 精密度控制

精密度一般采用平行测定的允许差来控制。通常情况下，土壤样品需作 10% ~ 30% 的平行。5 个样品以下的，应增加为 100% 的平行。

平行测试结果符合规定的允许差，最终结果以其平均值报出，如果平行测试结果超过规定的允许差，需再加测一次，取符合规定允许差的测定值报出。如果多组平行测试结果超过规定的允许差，应考虑整批重作。

13.2.4.4　准确度控制

准确度一般采用标准样品作为控制手段。通常情况下，每批样品或每 50 个样品加测标准样品一个，其测试结果与标准样品标准值的差值，应控制在标准偏差（S）范围内。

采用参比样品控制与标准样品控制一样，但首先要与标准样品校准或组织多个实验室进行定值。在土壤测试中，一般用标准样品控制微量分析，用参比样品控制常量分析。如果标准样品（或参比样品）测试结果超差，则应对整个测试过程进行检查，找出超差原因再重新工作。此外，加标回收试验也经常用作准确度的控制。

13.2.4.5　干扰的消除或减弱

干扰对检测质量影响极大，应注意干扰的存在并设法排除。主要方法有：

可采用物理或化学方法分离被测物质或除去干扰物质；

利用氧化还原反应，使试液中的干扰物转化为不干扰的形态；

加入络合剂掩蔽干扰离子；

采用有机溶剂的萃取及反萃取消除干扰；

采用标准加入法消除干扰；

采用其他分析方法避开干扰。

13.2.4.6　其他措施

实验室内的质量控制除上述日常工作外，还需要由质量管理人员对检测结果的准确度、重复性和复现性进行控制，对检测结果的合理性进行判断。

13.2.4.6.1　准确度控制

用标样作为密码样，每年至少考核 1～2 次；尽可能参加上级部门组织的实验室能力验证和考核。

13.2.4.6.2　重复性控制

按不同类别随机抽取样品，制成双样同批抽查；随机抽取已检样，编成密码跨批抽查；同（跨）批抽查的样品数量应控制在样品总数的 5% 左右。

13.2.4.6.3　复现性控制

室内互检：安排同一实验室不同人员进行双人比对；

室间外检：分送同一样品到不同实验室，按同一方法进行检测；

方法比对：对同一检测项目，选用具有可比性的不同方法进行比对。

13.2.4.6.4　检测结果的合理性判断

检测结果的合理性判断，是质量控制的辅助手段，其依据主要来源于有关专业知识，以土壤测试为例，其合理性判断的主要依据是：

土壤元素（养分含量）的空间分布规律，主要是不同类型、不同区域的土壤背景值和土壤养分含量范围；

土壤元素（养分含量）的垂直分布规律，主要是土壤元素（养分含量）在不同海拔高度或不同剖面层次的分布规律；

土壤元素（养分含量）与成土母质的关系；

土壤元素（养分含量）与地形地貌的关系；

土壤元素（养分含量）与利用状况的关系；

各检测项目之间的相互关系；

检测结果的合理性判断，只能作为复验或外检的依据，而不能作为最终结果的判定依据。

13.2.5 实验室间的质量控制

实验室间的质量控制是一种外部质量控制，可以发现系统误差和实验室间数据的可比性，可以评价实验室间的测试系统和分析能力，是一种有效的质量控制方法。

实验室间质量控制的主要方法为能力验证，即由主管单位统一发放质控样品，统一编号，确定分析项目、分析方法及注意事项等，各实验室按要求时间完成并报出结果，主管单位根据考核结果给出优秀、合格、不合格等能力验证结论。

14 测土配方施肥数据汇总与报告撰写

各级测土配方施肥工作承担单位提交本区域年度数据库，包括田间试验数据库、农户调查数据库、土壤采样数据库、土壤样品测试数据库、肥料配方数据库、测土配方施肥效果评价数据库等，填写测土配方施肥工作情况汇总表，见附表8、附表9、附表10和附表11。同时撰写并提交本区域年度技术报告，主要内容包括：种植业概况（来自县统计数据）、测土情况、田间试验情况、配方推荐情况、配方校验与示范结果、农民测土配方施肥反馈结果、测土配方施肥总体效果、经验与问题、改进办法。

15 耕地地力评价

15.1 资料准备

15.1.1 图件资料（比例尺1：50 000）

地形图（采用中国人民解放军总参谋部测绘局测绘的地形图）、第二次土壤普查成果图（最新的土壤图、土壤养分图等）、土地利用现状图、农田水利分区图、行政区划图及其他相关图件。

15.1.2 数据及文本资料

第二次土壤普查成果资料，基本农田保护区划定统计资料，近三年种植面积、粮食单产与总产、肥料使用等统计资料，历年土壤、植物测试资料。

15.2 技术准备

15.2.1 确定耕地地力评价因子

根据全国耕地地力评价因子总集，见表15，结合当地实际情况，从六大方面的因子中选取本县耕地地力评价因子。选取的因子应对当地耕地地力有较大的影响，在评价区域内的变异较大，在时间序列上具有相对的稳定性，因子之间独立性较强。

表 15 全国耕地地力评价因子总集

气象	≥100 积温	耕层理化性状	质地
	≥100 积温		容重
	年降水量		田间持水量
	全年日照时数		pH
	光能辐射总量		CEC
	无霜期		有机质
	干燥度		全氮
立地条件	东经		有效磷
	北纬		缓效钾
	海拔		速效钾
	坡度		有效锌
	坡向		水溶态硼
	地貌类型		有效硅
	地形部位		有效钼
	地面破碎情况		有效铜
	地表岩石露头状况		有效锰
	地表砾石度		有效铁
	田面坡度		有效硫
	成土母质		交换性钙
	土壤侵蚀类型		交换性镁
	土壤侵蚀程度	障碍因素	盐化类型
剖面性状	剖面构型		1m 土层含盐量
	质地构型		耕层土壤含盐量
	有效土层厚度		障碍层类型
	耕层厚度		障碍层出现位置
	腐殖层厚度		障碍层厚度
	水型		地下水矿化度
	冬季地下水位	土壤管理	灌溉保证率
	潜水埋深		抗旱能力
			排涝能力
			灌溉模数
			排涝模数
			林地覆盖率
			梯田类型
			梯田熟化年限
			种植制度
			设施类型

15.2.2 确定评价单元

应用比例尺为 1∶50 000 的土地利用现状图，行政区划图，土壤图叠加形成的图斑作为评价单元。评价区域内的耕地面积要与政府发布的耕地面积一致。

15.3 耕地地力评价

15.3.1 评价单元赋值

根据各评价因子的空间分布图和属性数据库，将各评价因子数据赋值给评价单元。不同类型的评价因子采用不同方法赋值，如：点位分布图可采用以点带面或者空间插值的方法赋值。空间插值方法为：将采样点位图某一因子数据空间内插转换为栅格图，再与评价单元图叠加，通过加权统计给评价单元赋值。矢量图（如地貌类型分布图），将其直接与评价单元图叠加，通过加权统计、属性提取，给评价单元赋值。对于坡度坡向等数据，可采用等高线和等高点图，生成数字高程模型，最终形成坡度图、坡向图等，再与评价单元图叠加，通过加权统计给评价单元赋值。对于与土壤类型密切相关的某些因子（如剖面构型）可通过关联土壤类型与参与评价因子对照表，给评价单元赋值。

15.3.2 确定各评价因子的权重

采用特尔斐法与层次分析法相结合的方法确定各评价因子权重。

15.3.3 确定各评价因子的隶属度

对定性数据采用特尔斐法直接给出相应的隶属度；对定量数据采用特尔斐法与隶属函数法结合的方法拟合各评价因子的隶属函数，将各评价因子的值代入隶属函数，计算相应的隶属度。

15.3.4 计算耕地地力综合指数

采用累加法计算每个评价单元的地力综合指数。

$$IFI = \sum (F_i \times C_i)$$

IFI——耕地地力综合指数（Integrated Fertility Index）；

F_i——第 i 个评价因子的隶属度；

C_i——第 i 个评价因子的组合权重。

15.3.5 地力等级划分与成果图件输出

根据地力综合指数分布，采用累积曲线法或等距离法确定分级方案，划分地力等级，绘制耕地地力等级图。

15.3.6 结果验证

将评价结果与当地实际情况进行对比分析，并选择典型农户实地调查，验证评价结果与当地实际情况的吻合程度。

15.3.7 归入全国耕地地力等级体系

依据《全国耕地类型区、耕地地力等级划分》（NY/T 309），归纳整理各级耕地地力要素主要指标，形成与粮食生产能力相对应的地力等级，并将各等级耕地归入全国耕地地力等级体系。

15.3.8 划分中低产田类型

依据《全国中低产田类型划分与改良技术规范》（NY/T 310），分析评价单元耕地土壤主导障碍因素，划分并确定中低产田类型、面积和主要分布区域。

15.4 耕地地力评价数据汇总与报告撰写

各级耕地地力评价工作承担单位提交本区域年度数据，包括农户调查数据库、采样地基本情况调查数据库、土壤采样数据库、土壤样品测试数据库等。同时撰写并提交本区域年度技术报告，主要内容包括：技术报告和评价成果报告。其中，评价成果报告分为耕地地力评价结果报告、耕地地力评价与改良利用报告、耕地地力评价与测土配方施肥报告、耕地地力评价与种植业布局区划报告等。

  附表：1. 测土配方施肥_____（作物名）田间试验结果汇总表

  2. 土壤采样标签（式样）

  3. 测土配方施肥采样地块基本情况调查表

  4. 测土配方施肥建议卡

  5. 测土配方施肥_____（作物名）田间示范结果汇总表

  6. 农户测土配方施肥准确度评价统计表

  7. 农户施肥情况调查表

  8. 测土配方施肥土壤测试结果汇总表

  9. 测土配方施肥植物测试结果表

  10. _____（省、县）测土配方施肥工作情况汇总表

  11. 测土配方施肥补贴资金项目（省、县）情况汇总表

附表1　测土配方施肥　_____（作物名）　田间试验结果汇总表

编号：_____

地点：_____省_____地市_____县_____（乡村农户地块名），邮编：_____；东经：_____度_____分_____秒，北纬：_____度_____分_____秒；海拔_____m

土类：_____　亚类_____　土属_____　土种：_____；地下水位通常_____m；最高_____m；最低_____m；灌溉能力_____；障碍因素_____；障碍层厚度_____cm

土体构型：_____；地形部位及农田建设：_____；侵蚀程度_____；肥力等级_____；代表面积_____亩；取土时期_____年_____月_____日

土壤测试结果*

取样层次(cm)	有机质(g/kg)	全氮(g/kg)	碱解氮(mg/kg)	全磷(g/kg)	有效磷(mg/kg)	全钾(g/kg)	缓效钾(mg/kg)	速效钾(mg/kg)	交换量(cmol(+)/kg)	碳酸钙(g/kg)	pH值	国际制质地	容重(g/cm³)	土壤结构	有效微量元素(mg/kg) Fe Mn Cu Zn B Mo	其他(mg/kg) Ca Mg S Si
0～																
～																

一、试验目的、原理和方法

二、供试作物品种、名称及特征描述（田间生长期）：_____年_____月_____日—_____年_____月_____日

三、田间操作，天气及灾害情况

日期	月、日	
灌溉	方/亩	
其他农事活动及灾害	活动现象	

生长季 降水量 mm	日期		合计

合计	生长季	全年
年降水总量		
无霜期		
≥10℃积温 ℃		
℃		

四、试验设计与结果

处理	1	2	3	4	5	6	7	8	9	10	11	12	13	14	15	16	17	18
序号																		
代码	N0P0K0	N0P2K2	N1P2K2	N2P0K2	N2P1K2	N2P2K2	N2P3K2	N2P2K0	N2P2K1	N2P2K3	N3P2K2	N1P1K2	N1P2K1	N2P1K1				
重复I																		
重复II																		
重复III																		
亩产(kg)																		

注：1. 处理序号须与方案中的编号一致
2. 本次试验是否代表常年情况：N:_____; P2O5:_____; K2O:_____; 其他（注明元素及用量）：_____
3. 前季作物：名称：_____ 品种：_____ 产量：_____（kg/亩）；施肥量（kg/亩）：N:_____ P2O5:_____ K2O:_____
4. 试验2水平处理的施肥量_____

是否代表常年：_____　填报时间：_____

填报单位：_____　邮编：_____　电话：_____　传真：_____　联系人：_____

* 土壤测试需注明具体测试方法（测试方法参照本规范），养分以单质表示。注意编号与附表3和附表9一致。

附表2 土壤采样标签（式样）

统一编号：（和农户调查表编号一致） 邮编：

采样时间： 年 月 日 时

采样地点： 省 地 县 乡（镇） 村 地块 农户名：

地块在村的（中部、东部、南部、西部、北部、东南、西南、东北、西北）

采样深度：① 0～20cm ②_____cm（不是①的，在②填写）该土样由_____点混合（规范要求15～20点）

经度：_____度____分____秒 纬度：_____度_____分_____秒

采样人： 联系电话：

附表3　测土配方施肥采样地块基本情况调查表

统一编号：_____　　调查组号：_____　　采样序号：_____

采样目的：_____　　采样日期：_____　　上次采样日期：_____

地理位置	省（市）名称		地（市）名称		县（旗）名称	
	乡（镇）名称		村组名称		邮政编码	
	农户名称		地块名称		电话号码	
	地块位置		距村距离（m）		/	/
	纬度（度：分：秒）		经度（度：分：秒）		海拔高度（m）	
自然条件	地貌类型		地形部位		/	/
	地面坡度（度）		田面坡度（度）		坡向	
	通常地下水位（m）		最高地下水位（m）		最深地下水位（m）	
	常年降雨量（mm）		常年有效积温（℃）		常年无霜期（天）	
生产条件	农田基础设施		排水能力		灌溉能力	
	水源条件		输水方式		灌溉方式	
	熟制		典型种植制度		常年产量水平（kg/亩）	
土壤情况	土类		亚类		土属	
	土种		俗名		/	/
	成土母质		剖面构型		土壤质地（手测）	
	土壤结构		障碍因素		侵蚀程度	
	耕层厚度（cm）		采样深度（cm）		/	/
	田块面积（亩）		代表面积（亩）		/	/
来年种植意向	茬口	第一季	第二季	第三季	第四季	第五季
	作物名称					
	品种名称					
	目标产量					
采样调查单位	单位名称		联系人			
	地址		邮政编码			
	电话		传真		采样调查人	
	E-mail					

说明：每一取样地块一张表。与附表7联合使用，编号一致。

附表 4　测土配方施肥建议卡

农户姓名：＿＿＿＿＿＿＿＿＿省＿＿＿地（市）＿＿＿县＿＿＿乡（镇）＿＿＿村＿＿＿编号

地块面积：＿＿＿＿＿＿亩　　地块位置：＿＿＿＿＿＿＿＿＿＿＿＿＿　距村距离：＿＿＿＿＿＿

	测试项目	测试值	丰缺指标	养分水平评价		
				偏低	适宜	偏高
土壤测试数据	全氮（g/kg）					
	碱解氮（mg/kg）					
	有效磷（mg/kg）					
	速效钾（mg/kg）					
	缓效钾（mg/kg）					
	有机质（g/kg）					
	pH 值					
	有效铁（mg/kg）					
	有效锰（mg/kg）					
	有效铜（mg/kg）					
	有效锌（mg/kg）					
	有效硼（mg/kg）					
	有效钼（mg/kg）					
	交换性钙（mg/kg）					
	交换性镁（mg/kg）					
	有效硫（mg/kg）					
	有效硅（mg/kg）					

作物名称			作物品种		目标产量（kg/亩）	
	肥料配方	用量（kg/亩）	施肥时间	施肥方式	施肥方法	
推荐方案一	基肥					
	追肥					
推荐方案二	基肥					
	追肥					

技术指导单位：＿＿＿＿＿＿＿联系方式：＿＿＿＿＿＿联系人：＿＿＿＿＿＿日期：＿＿＿＿＿＿

附表 5　测土配方施肥＿＿＿＿（作物名）田间示范结果汇总表

编号：＿＿＿＿

地点：＿＿＿＿省＿＿＿＿地市＿＿＿＿县＿＿＿＿（乡村农户地块名），邮编：＿＿＿＿

纬：＿＿＿＿度＿＿＿＿分＿＿＿＿秒，北＿＿＿＿；东经：＿＿＿＿度＿＿＿＿分＿＿＿＿秒，北＿＿＿＿；

地点：＿＿＿＿省＿＿＿＿海拔＿＿＿＿m

土名：＿＿＿＿土属＿＿＿＿土种＿＿＿＿；地下水位通常＿＿＿＿m；最高＿＿＿＿最低＿＿＿＿；灌排能力＿＿＿＿；

障碍因素＿＿＿＿；耕层厚度＿＿＿＿cm

主体构型＿＿＿＿；地形部位及农田建设：＿＿＿＿；侵蚀程度＿＿＿＿；肥力等级＿＿＿＿；代表面积＿＿＿＿亩；取土日期＿＿＿＿

土壤测试结果 *

取样层次(cm)	有机质(g/kg)	全氮(g/kg)	碱解氮(mg/kg)	全磷(g/kg)	有效磷(mg/kg)	全钾(g/kg)	缓效钾(mg/kg)	速效钾(mg/kg)	交换量(cmol(+)/kg)	碳酸钙(g/kg)	pH值	国际制质地	容重(g/cm³)	土壤结构	有效微量元素(mg/kg) Fe	Mn	Cu	Zn	B	Mo	其他(mg/kg) Ca	Mg	S	Si
0 ~																								
~																								

示范结果

	生长日期 年 月 日 ~ 年 月 日	天数	产量 kg/亩	化肥用量(kg/亩) N	P₂O₅	K₂O	有机肥 品种	有机肥 kg/亩	有机肥养分折纯(kg/亩) 有机质	N	P₂O₅	K₂O	降水量(mm) 次数	总量	灌溉(方/亩) 次数	总量	面积(亩)	作物品种
配方施肥区																		
农民常规区																		
空白处理区																		

施肥推荐方法：＿＿＿＿

填报单位：＿＿＿＿　邮编：＿＿＿＿　电话：＿＿＿＿　传真：＿＿＿＿　联系人：＿＿＿＿　不正常情况及备注：＿＿＿＿　养分以单质表示。注意编号与附表3一致。

填报时间：＿＿＿＿

* 土壤测试需注明具体测试方法（测试方法参照本规范）。

附表 6 农户测土配方施肥准确度评价统计表

_____年_____县_____作物农户测土配方施肥执行情况对比表

配方状况	样本数	施氮量（kg/亩）		施磷量（kg/亩）		施钾量（kg/亩）		养分比例	
		平均	标准差	平均	标准差	平均	标准差	氮磷比	氮钾比
配方推荐									
实际执行									
差值（与推荐比）									

_____年_____县_____作物测土配方施肥执行效果对比表

配方状况	样本数	施肥成本（元/亩）		产量（kg/亩）		效益（元/亩）		配方施肥增加（%）	
		平均	标准差	平均	标准差	平均	标准差	产量	效益
配方推荐									
实际执行									
差值（与推荐比）									

附表7 农户施肥情况调查表

统一编号：

<table>
<tr><td rowspan="4">施肥相关情况</td><td colspan="2">生长季节</td><td colspan="3"></td><td colspan="3">作物名称</td><td colspan="2"></td><td colspan="2">品种名称</td><td colspan="2"></td></tr>
<tr><td colspan="2">播种季节</td><td colspan="3"></td><td colspan="3">收获日期</td><td colspan="2"></td><td colspan="2">产量水平</td><td colspan="2"></td></tr>
<tr><td colspan="2">生长期内降水次数</td><td colspan="3"></td><td colspan="3">生长期内降水总量</td><td colspan="2"></td><td>/</td><td></td><td>/</td></tr>
<tr><td colspan="2">生长期内灌水次数</td><td colspan="3"></td><td colspan="3">生长期内灌水总量</td><td colspan="2"></td><td colspan="2">灾害情况</td><td colspan="2"></td></tr>
</table>

推荐施肥情况

是否推荐施肥指导			推荐单位性质		推荐单位名称	

<table>
<tr><td rowspan="3">配方内容</td><td rowspan="2">目标产量（kg/亩）</td><td rowspan="2">推荐肥料成本（元/亩）</td><td colspan="5">化肥（kg/亩）</td><td colspan="2" rowspan="2">有机肥（kg/亩）</td></tr>
<tr><td colspan="3">大量元素</td><td colspan="2">其他元素</td></tr>
<tr><td>N</td><td>P₂O₅</td><td>K₂O</td><td>养分名称</td><td>养分用量</td><td>肥料名称</td><td>实物量</td></tr>
<tr><td></td><td></td><td></td><td></td><td></td><td></td><td></td><td></td><td></td></tr>
</table>

实际施肥总体情况

<table>
<tr><td rowspan="2">实际产量（kg/亩）</td><td rowspan="2">实际肥料成本（元/亩）</td><td colspan="5">化肥（kg/亩）</td><td colspan="2" rowspan="2">有机肥（kg/亩）</td></tr>
<tr><td colspan="3">大量元素</td><td colspan="2">其他元素</td></tr>
<tr><td></td><td></td><td>N</td><td>P₂O₅</td><td>K₂O</td><td>养分名称</td><td>养分用量</td><td>肥料名称</td><td>实物量</td></tr>
<tr><td></td><td></td><td></td><td></td><td></td><td></td><td></td><td></td><td></td></tr>
</table>

实际施肥明细

汇总				

<table>
<tr><td rowspan="20">实际施肥明细</td><td rowspan="20">施肥明细</td><td>施肥序次</td><td>施肥时期</td><td colspan="2">项目</td><td colspan="6">施肥情况</td></tr>
<tr><td></td><td></td><td colspan="2"></td><td>第一种</td><td>第二种</td><td>第三种</td><td>第四种</td><td>第五种</td><td>第六种</td></tr>
<tr><td rowspan="9">第一次</td><td rowspan="9"></td><td colspan="2">肥料种类</td><td></td><td></td><td></td><td></td><td></td><td></td></tr>
<tr><td colspan="2">肥料名称</td><td></td><td></td><td></td><td></td><td></td><td></td></tr>
<tr><td rowspan="5">养分含量情况（%）</td><td rowspan="3">大量元素</td><td>N</td><td></td><td></td><td></td><td></td><td></td><td></td></tr>
<tr><td>P₂O₅</td><td></td><td></td><td></td><td></td><td></td><td></td></tr>
<tr><td>K₂O</td><td></td><td></td><td></td><td></td><td></td><td></td></tr>
<tr><td rowspan="2">其他元素</td><td>养分名称</td><td></td><td></td><td></td><td></td><td></td><td></td></tr>
<tr><td>养分含量</td><td></td><td></td><td></td><td></td><td></td><td></td></tr>
<tr><td colspan="2">实物量（kg/亩）</td><td></td><td></td><td></td><td></td><td></td><td></td></tr>
<tr><td rowspan="9">第二次</td><td rowspan="9"></td><td colspan="2">肥料种类</td><td></td><td></td><td></td><td></td><td></td><td></td></tr>
<tr><td colspan="2">肥料名称</td><td></td><td></td><td></td><td></td><td></td><td></td></tr>
<tr><td rowspan="5">养分含量情况（%）</td><td rowspan="3">大量元素</td><td>N</td><td></td><td></td><td></td><td></td><td></td><td></td></tr>
<tr><td>P₂O₅</td><td></td><td></td><td></td><td></td><td></td><td></td></tr>
<tr><td>K₂O</td><td></td><td></td><td></td><td></td><td></td><td></td></tr>
<tr><td rowspan="2">其他元素</td><td>养分名称</td><td></td><td></td><td></td><td></td><td></td><td></td></tr>
<tr><td>养分含量</td><td></td><td></td><td></td><td></td><td></td><td></td></tr>
<tr><td colspan="2">实物量（kg/亩）</td><td></td><td></td><td></td><td></td><td></td><td></td></tr>
</table>

（续表）

汇总						施肥情况					
		施肥序次	施肥时期	项目		第一种	第二种	第三种	第四种	第五种	第六种
实际施肥明细	施肥明细	第……次		肥料种类							
				肥料名称							
				养分含量情况（%）	大量元素 N						
					大量元素 P$_2$O$_5$						
					大量元素 K$_2$O						
					其他元素 养分名称						
					其他元素 养分含量						
				实物量（kg/亩）							
		第六次		肥料种类							
				肥料名称							
				养分含量情况（%）	大量元素 N						
					大量元素 P$_2$O$_5$						
					大量元素 K$_2$O						
					其他元素 养分名称						
					其他元素 养分含量						
				实物量（kg/亩）							

　　说明：每一季作物一张表，请填写齐全采样前一个年度的每季作物。农户调查点必须填写完"实际施肥明细"，其他点必须填写完"实际施肥总体情况"及以上部分。与附表 3 联合使用，编号一致。

附表8 测土配方施肥土壤测试结果汇总表

编号_____，地点：_____，_____省_____地市_____县_____乡村_____农户_____地块名_____，
邮编：_____

取样层次 (cm)	质地 国际制	容重 (g/cm³)	土壤水分 (%) 自然含水量	土壤水分 (%) 田间持水量	pH值	交换性酸 (cmol/(+) kg)	阳离子交换量 (cmol/(+) kg)	电导率 (S/m)	水溶性盐总量 (g/kg)	水溶性阴离子 (g/kg) $CO_3^{2-}+HCO_3^-$	Cl^-	SO_4^{2-}	氧化还原电位 mV
0~													
~													

有机质 (g/kg)	全氮 (g/kg)	水解氮 (mg/kg)	铵态氮 (mg/kg)	硝态氮 (mg/kg)	全磷 (g/kg)	有效磷 (mg/kg)	全钾 (g/kg)	缓效钾 (mg/kg)	速效钾 (mg/kg)	交换性钙镁 (mg/kg) Ca	Mg	中微量元素 (mg/kg) Fe	Mn	Cu	Zn	B	Mo	S	Si

注意：编号与附表3、附表7一致。

附表 9　测土配方施肥植物测试结果表

编号_____，地点：_____，省_____，地市_____，县_____，乡村_____，农户_____，地块名_____，

邮编：_____

区组及处理号	全氮（%）	全磷（%）	全钾（%）	水分（%）	粗灰分（%）	全钙（mg/kg）	全镁（mg/kg）	全硫（mg/kg）	全硼（mg/kg）	全钼（mg/kg）	全铜（mg/kg）	全锌（mg/kg）	全铁（mg/kg）	全锰（mg/kg）

注意：编号与附表 1 一致。

附表10 _____ （省、县）测土配方施肥工作情况汇总表

项目			单位	分年度					
				年计划	年已落实	200	200	200	200
总播种面积			万亩						
测土配方施肥面积			万亩						
效益	增产		万t						
	节肥		万t						
	增收＋节支		万元						
田间试验	肥料田间效应试验	总数	个						
		3414类	个						
		小区总数	个						
	配方校正试验	总数	个						
		小区数	个						
	示范展示	总数	个						
		小区数	个						
		面积	亩						
土壤测试	土壤样品采集数量		个						
	大量元素测试		个						
			项次						
	中、微量元素测试		个						
			项次						
其他分析化验	营养诊断		个						
			项次						
	植物分析		个						
			项次						
			个						
			项次						
配方肥推广	配方个数		个						
	总量		t						
	施用面积		万亩						
	应用农户		户						
	覆盖村		个						
其他方式	发放配肥通知单		张						
	指导施肥面积		万亩						
	应用农户		户						
	覆盖村		个						
培训情况	培训技术人员		人日						
	培训农户		户						
	培训农民		人日						

附表 11　测土配方施肥补贴资金项目（省、县）情况汇总表

_____年度　　　_____省（区）　　　_____地（市）　　　_____县（市）

1. 基本情况

项目	单位	数量	项目	单位	数量	肥料品种	用量（t）	其中自产（t）
总人口	万人		耕地面积	万亩		尿素		
农业户数	户		粮食总产量	t		碳酸氢铵		
农业人口	万人		农作物播种面积	万亩		普钙		
农业劳力	万人		粮食作物	万亩		磷酸一铵		
上年农民人均纯收入	元		水稻	万亩		磷酸二铵		
土肥技术人员	人		小麦	万亩		氯化钾		
中级以上	人		玉米	万亩		复混肥料		
化验室面积	m²		大豆	万亩		配方肥料		
仪器设备	台套		棉花	万亩		配肥站	个	
价值	万元					生产能力	万 t	

注：肥料用量和自产量均指实物量

2. 施肥情况

	项目	单位	水稻	小麦	玉米	大豆	棉花	
常规施肥	面积	万亩						
	亩产	kg/亩						
	单价	元/kg						
	有机肥用量	kg/亩						
	化肥总用量	kg/亩						
	氮肥	kg/亩						
	磷肥	kg/亩						
	钾肥	kg/亩						
	中、微肥	kg/亩						
测土配方施肥	面积	万亩						
	亩产	kg/亩						
	单价	元/kg						
	有机肥用量	kg/亩						
	化肥总用量	kg/亩						
	氮肥	kg/亩						
	磷肥	kg/亩						
	钾肥	kg/亩						
	中、微肥	kg/亩						
效益	增产	kg/亩						
	节肥	kg/亩						
	增收＋节支	元/亩						

注：有机肥料用量指实物量，化肥用量指折纯量

附录3 测土配方施肥补贴项目验收暂行办法

第一章 总 则

第一条 为规范测土配方施肥补贴项目资金的使用，提高资金使用效益，科学、客观、公正评价测土配方施肥补贴项目实施效果，全面推进测土配方施肥工作开展，根据《财政部农业部关于印发〈测土配方施肥试点补贴资金管理暂行办法〉的通知》（财农［2005］101号）、《农业部办公厅财政部办公厅关于下达2005年测土配方施肥试点补贴资金项目实施方案的通知》（农办农［2005］43号）、《农业部办公厅财政部办公厅关于下达2006年测土配方施肥补贴项目实施方案的通知》（农办财［2006］11号）以及《测土配方施肥技术规范（试行）修订稿》的要求，特制订本办法。

第二条 本办法确定了验收对象、验收组织、验收方法及验收程序，明确了验收内容。

验收内容包括项目合同指标完成情况、组织管理、宣传培训、资金管理和使用、农户对测土配方施肥工作的满意程度以及测土配方施肥补贴项目执行情况。

第三条 本办法适用于国家测土配方施肥补贴项目验收。

第二章 验收方法及程序

第四条 项目验收分为项目县自验、省级验收、国家抽查复验三个层次。项目县自验率和省级集中验收率达到100%，省级现场抽验率为20%，国家抽查复验率为5%。

第五条 国家、省、县农业行政主管部门成立验收组，开展验收工作。验收组由行政管理人员和科研、教学、推广部门专家组成，每个验收组成员不得少于5人。

项目承担单位人员不能作为验收组成员。

第六条 项目验收采取听取情况介绍、现场察看、查阅资料、打分评价的方式进行。验收组完成项目验收工作后，填写测土配方施肥补贴项目执行情况综合评价表（附件1），形成书面验收意见。

第七条 项目自验由项目县（市、区、旗、团场）农业行政主管部门组织。自验结束后，向省级农业行政主管部门申请项目验收。

第八条 省级集中验收和现场抽验由省级农业行政主管部门组织。验收工作完成后，将项目验收报告及各项目县测土配方施肥补贴项目执行情况综合评价表报农业部种植业管理司、财务司。

第九条 抽查复验由农业部、财政部联合组织，并监督检查各省市区验收工作。

第十条 省级验收不合格的项目县（总评分60分以下为不合格），要责成项目县补充完善建设内容，并在3个月内申请复验。对复验和抽查复验不合格的，按农业专项资金管理有关规定严肃处理。

第十一条　项目县自验应在项目合同结束后 2 个月内完成，省级集中验收和现场抽查应在项目合同结束后 4 个月内完成，国家抽查复验应在项目合同结束后 6 个月内完成。

第三章　验收内容

第十二条　合同指标完成情况

（一）土壤采样。土壤采样覆盖面积达到合同规定的覆盖面积，采样点的分布、采样密度、样品数量和采集方法符合技术规范相关要求，土壤样品采集调查表和农户施肥情况调查表填写完整。

（二）样品检验。土壤和植物分析化验符合《测土配方施肥技术规范（试行）修订稿》要求，并达到合同规定的数量。

（三）田间试验。各项目县"3414"田间试验每年不少于 10 个。试验资料齐全，有试验方案、工作记录和汇总表格，完成试验报告。

（四）校正试验。各项目县校正试验每年不少于 10 个。试验资料齐全，有校正试验方案、工作记录和汇总表格，完成校正试验报告。

（五）发放施肥建议卡。项目核心示范村配方施肥建议卡入户率达到100%，其他示范区达到90%以上，并有登记记录。

（六）农民按配方施肥面积。项目区农民根据配方施肥建议卡自行购买肥料进行施肥的面积，与配方肥施用面积合计达到合同规定面积。

（七）配方肥施用面积。项目县农户施用配方肥面积当年不少于 20 万亩。配方肥有生产配方、合作协议、厂家地址、经销点名录、农户购买和应用配方肥记录（台账）。

（八）化验室建设与质量控制。化验室使用面积不少于 200 平方米，仪器设备配置满足《测土配方施肥技术规范（试行）修订稿》所规定的化验项目需求，配备专兼职化验人员。如参加过农业部组织的化验室检测质量考核，考核结果合格。

（九）主要作物施肥指标体系。根据当地田间试验、农户调查和测试化验结果，初步形成当地主要农作物施肥指标体系。

（十）测土配方施肥数据库建设。按照农业部统一要求建立县级测土配方施肥数据库，数据库能够运转和对数据进行有效管理，并能及时、规范、准确上传省和农业部。

（十一）耕地地力评价。利用测土配方施肥数据库，在对有关图件和属性数据收集整理的基础上，建立县域耕地资源信息管理系统。项目实施第二年，各项目县开展耕地地力状况评价工作，编写地力评价报告。

第十三条　项目管理

（一）领导机构。项目县成立有政府分管领导或农业部门牵头、有关部门参加的测土配方施肥补贴项目领导小组，负责项目组织实施、协调指导和监督检查。

（二）技术小组。项目县成立有县土肥技术部门技术骨干为主，有关单位专家参加的测土配方施肥技术指导组，负责技术培训和指导。

（三）宣传培训。利用广播、电视、报刊、网络、明白纸、现场会、流动宣传车、图片展览等多种形式，开展广泛的、经常性的宣传。县土肥技术部门对项目实施区所在乡（镇）所有直接从事土肥技术推广的技术人员每年至少培训 1 次，对项目实施区所在村技术骨干和科技示范户每年培训 5 000 人次以上。

（四）进度统计。项目县按照农业部种植业管理司［2006］种植（耕肥）24 号文件"关于启用测土配方施肥项目统计管理系统的通知"要求，按时填报、上传测土配方施肥项目进展季报、年报，数据真实可靠。

（五）档案管理。项目实施有关的文件、会议纪要、资金管理办法、配方肥生产企业招投标或认定管理办法、化验室质量控制办法、合同书、工作方案、宣传培训材料、试验方案和观测数据、施肥建议卡、现场图片（照片）、统一格式的数据库、成果图件、农户调查表、原始记录、进度报表、工作总结和技术总结等完整齐全，分类归档。

（六）企业参与。按照各省制定的配方肥生产企业招投标或认定管理办法，认定配方肥定点加工企业，企业供肥能力基本满足项目需要。

项目实施期内认定企业无配方肥质量投诉事件。

（七）农民满意程度。项目县自验中需完成农民满意程度调查，至少填写 30 户农民满意程度调查表（附件 2），并进行汇总。

第十四条 资金管理和使用

（一）资金管理。严格执行财政部、农业部《测土配方施肥试点补贴资金管理暂行办法》（财农［2005］101 号文），项目资金有专账管理，专款专用，有项目财务决算报告和审计报告。无挤占、截留、挪用项目资金现象。

（二）仪器购置。化验室仪器设备购置按照公开、公正、公平的原则招标采购，有相关文件、合同等。所购仪器设备必须有合格证、注册商标、生产厂家地址，并按固定资产管理有关规定统一编号、登记。

第四章 附 则

第十五条 各省可依照本办法，结合本地实际，制定具体的验收方案，并报我部种植业管理司、财务司备案。

第十六条 本办法由农业部负责解释。

第十七条 本办法自发布之日起执行。

附录4　河南省测土配方施肥补贴项目耕地地力评价专项验收办法（试行）

第一章　总　则

第一条　根据农业部《2006 年全国测土配方施肥工作方案》，农业部办公厅、财政部办公厅《关于下达 2006 年测土配方施肥补贴项目实施方案的通知》（农办财［2006］11 号），《农业部办公厅关于做好耕地地力评价工作的通知》（农办农［2007］66 号），《农业部办公厅关于加快推进耕地地力评价工作的通知》（农办农［2008］75 号），《测土配方施肥技术规范》等相关文件和项目规范性要求，参照《测土配方施肥补贴项目验收暂行办法》，抽定本办法。

第二条　本办法确定了验收对象、验收组织、验收方法与验收程序，明确了验收内容。

第三条　本办法适用于河南省承担的测土配方施肥补贴项目县（市、区）耕地地力评价专项验收。

第二章　验收方法与程序

第四条　耕地地力评价专项验收同河南省测土配方施肥领导小组办公室组织进行。验收组成员包括科研、教学、推广等专家，成员一般不得少于 5 人。

项目承担单位人员不能作为验收组成员。

第五条　耕地地力评价专项验收采用听取情况介绍、专家质询、查阅工作报告与技术报告等资料，分项打分评价的方式进行。验收组完成耕地地力评价专项验收后，填写测土配方施肥补贴项目耕地地力评价专项验收综合评价表，形成书面验收意见。

第六条　耕地地力评价验收综合得分 70 分以下为未通过验收。

验收不合格的项目县（市、区、场）应在 1 个月内补充完善，2 个月内申请复验。复验中进行一次，为最终验收结果。

第七条　根据农业部要求，最终验收结果上报农业部。

第三章　验收内容

第八条　组织管理。

（1）领导机构。项目县成立有政府分管或农业部门牵头、有关部门参加的测土配方施肥补贴项目耕地地力评价领导小组，负责耕地地力评价的组织实施、协调指导。

（2）技术机构。项目县成立有县土肥技术部门技术骨干为主，有关单位专家参加的耕地地务评价技术组，具体负责耕地地力评价工作。

第九条 工作内容。

（1）资料收集。按照技术规范和县域耕地资源管理信息系统的要求，收集相关资料并整理。要求资料收集完整且符合耕地地力评价工作要求。

（2）基础数据库。数据库种类齐全，数据规范、完整，符合耕地资源管理信息系统数据字典的要求。

（3）县城耕地资源管理信息系统。系统数据完整、规范、功能齐全，能够进行操作。

（4）评价指标体系。耕地地力评价指标能够全面准确地反映影响当地耕地地力的突出问题；权重确定方法合理，结果符合实际情况；单指标隶属度与实际情况相符，与专业知识丰吻合。

（5）评价结果。评价结果与当地耕地地力情况相吻合，反映当地耕地地力差异的实质因素。

（6）技术报告。报告全面系统，描述的基本情况准确全面；对耕地地力分布情况描述全面具体；对耕地地力差异情况及原因分析合理、全面；提出耕地地力资源合理利用的分区合理，措施具体可行。

（7）专题图件。数字化的耕地地力分布图、土壤图、各种养分分级图等准确、合理、齐全。

（8）统计信息。根据评价结果，各等级面积准确、吻合。按农业部《全国耕地类型区、耕地地务等级划分》标准，与国家等级对接合理；按照农业部《全国中低产田类型区划分与改良技术规范》标准，划分出中低产田类型和面积。

第四章 附 则

第十条 本办法由河南省农业厅测土配方施肥领导小组办公室负责解释。

第十一条 目前，农业部尚未制订全国耕地地力评价专项验收办法。一旦，农业部发布全国耕地力评价专项验收办法，本办法自行废止。

第十二条 本办法自发布之日起执行。

附表6 河南省、县测土配方施肥补贴项目耕地地力评价专项验收综合评价表

项目	内容	评分指标	得分	评分指标	得分	评分指标	得分	评分结果
耕地地力评价任务完成情况85分	资料收集10	资料收集齐全完整、准确	10～8	主要资料收集完整、准确	8～4	部分主要资料收集不完整	4～0	
	基础数据库10	所有基础数据库完整，数据齐全、规范	10～8	完成评价用数据库，数据齐全、规范	8～5	完成评价用数据库较齐全和较规范	5～0	
	县城耕地资源管理信息系统10	系统能正常运行，操作熟练	10～7	系统基本完整，能进行基本操作	7～3	系统不完善、不能操作	3～0	
	评价指标体系10	评价因子准确反映突出问题，权重合理、隶属度准确	10～8	评价因子基本反映突出问题，权重基本合理、隶属度基本准确	8～5	评价因子基本反映突出问题，权重偏失较大、隶属度确定有缺陷。	5～0	
	评价结果10	评价结果与实际情况吻合	10～7	评价结果与实际情况基本吻合	7～4	评价结果与实际情况不大吻合	4～0	
	技术报告15	报告全面，提出耕地利用建议与实际相符	15～10	报告基本全面，提出耕地利用建议与实际基本相符	10～6	报告不全面，提出耕地利用建议与实际情况差别较大	6～0	
	专题图件10	专题图件齐全、完整、准确	10～7	专题图件基本齐全、主要图件完整	7～4	专题图件不齐全、缺少主要图件，有不准确的现象	4～0	
	统计数据10	填报统计数据完整、与报告相符	10～7	填报统计数据完整、与报告基本相符	7～4	填报统计数据不完整	4～0	
小计								
组织管理评价15分	领导机构10	有成立领导机构文件，有研究工作的会议记录或纪要	10～8	有成立领导机构文件、无研究工作的会议记录或纪要	8～5	领导讲话提到建立领导机构，但无成立文件和开展工作记录	5～0	
	技术小组5	有成立文件，分工明确，有完整的工作记录	5～4	有成立文件，分工明确，无工作记录	4～2	技术小组分工不明确，无工作记录	2～0	
小计								
合计								

注：本档次分值范围不包括两端数值

验收组专家签字： 验收时间： 年 月

参考文献

河南省鹤壁市统计局.2008.鹤壁市统计局年鉴–2008［M］. 北京：中国统计出版社.

河南省鹤壁市统计局.2009.鹤壁市统计局年鉴–2009［M］. 北京：中国统计出版社.

河南省鹤壁市统计局.2010.鹤壁市统计局年鉴–2010［M］. 北京：中国统计出版社.

河南省鹤壁市统计局.2011.鹤壁市统计局年鉴–2011［M］. 北京：中国统计出版社.

鹤壁市地方历史编纂委员会.2011.鹤壁市志［M］.郑州：中州古籍出版社.

鹤壁市土壤普查办公室.1988.鹤壁市土种志.鹤壁市土壤普查办公室.

全国农业技术推广服务中心.2009.耕地地力评价指南［M］.北京：中国农业科学技术出版社.

袁庆俊，刘元东，管云玲，等.1993.鹤壁土壤［M］.北京：海洋出版社.

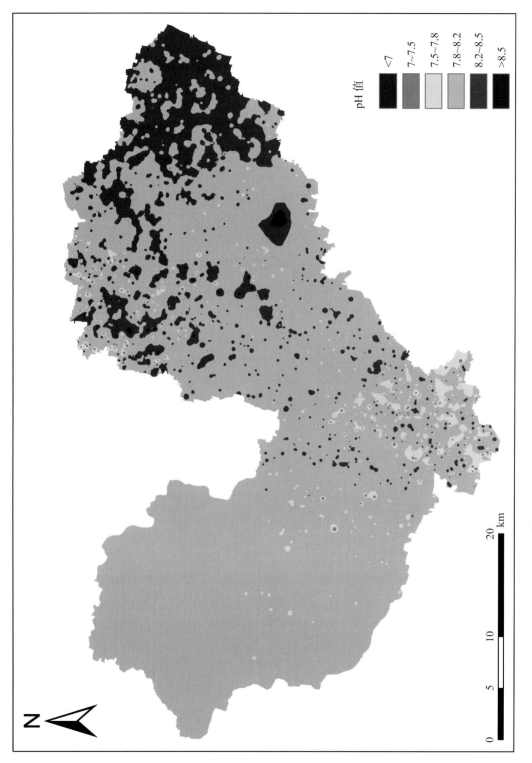

附图 1 鹤壁市土壤 pH 值分布图

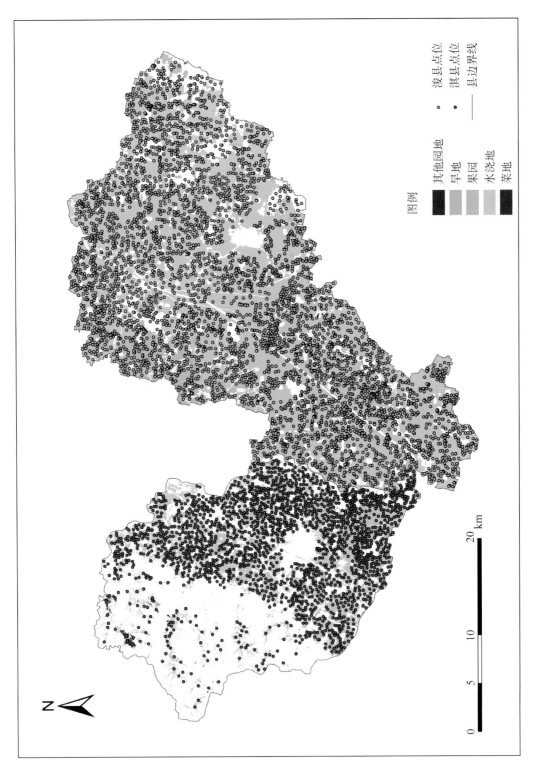

附图 2　鹤壁市点位图

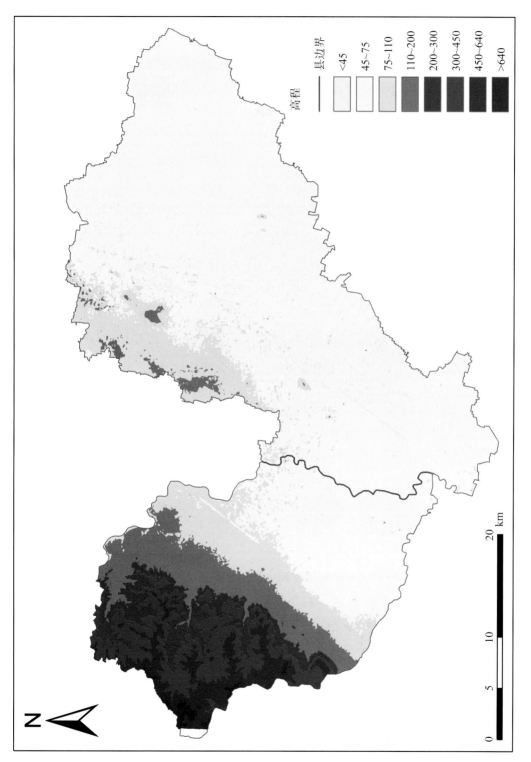

附图 3 鹤壁市高程图

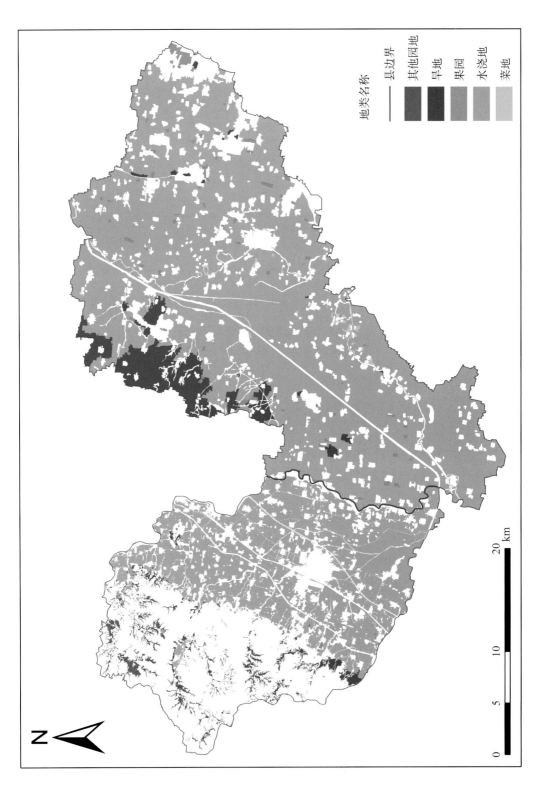

附图 4 鹤壁市耕地分布图

地类名称
县边界
其他园地
旱地
果园
水浇地
菜地

N

0   5   10   20
km

附图 5　鹤壁三维（1）

鹤壁市耕地地力评价

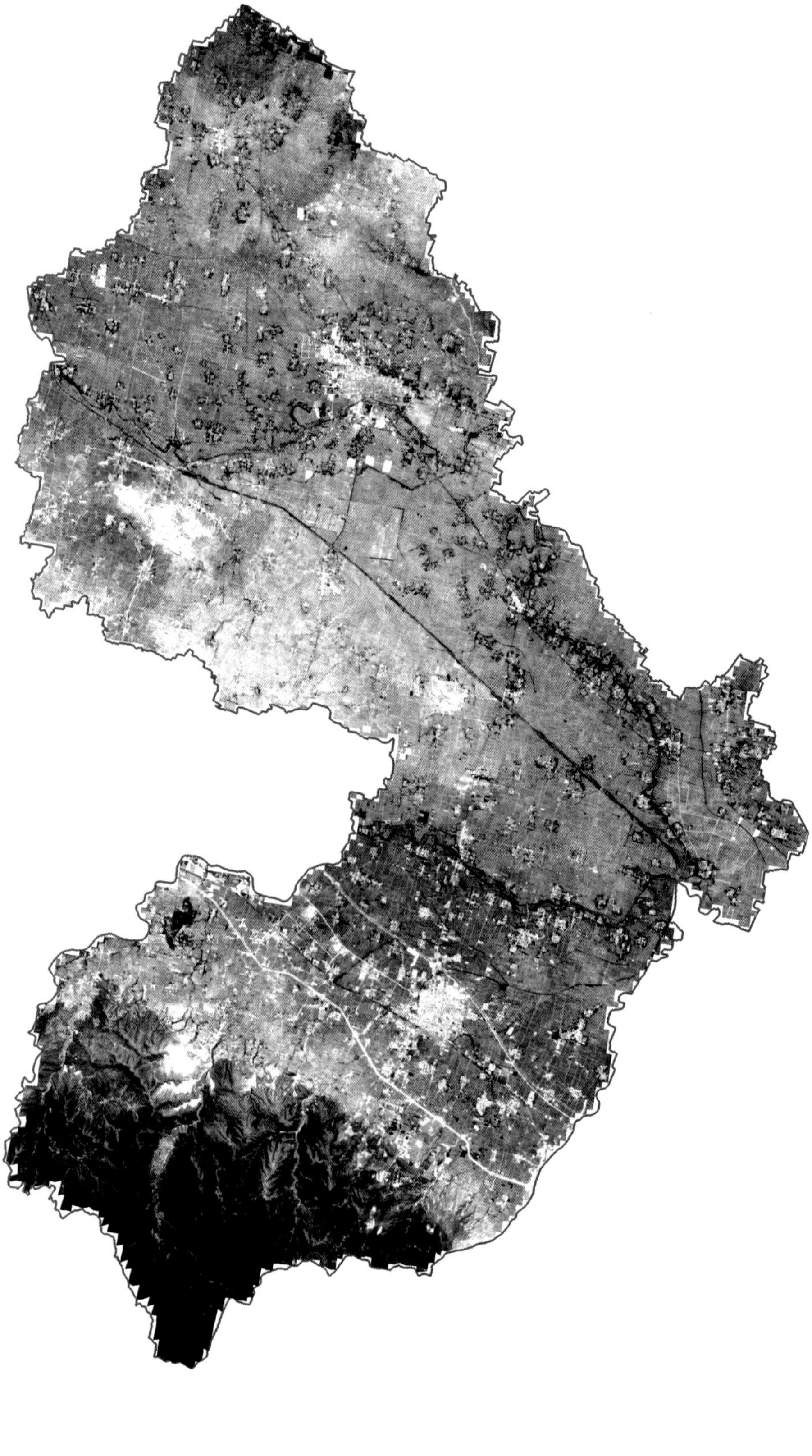

附图 6 鹤壁三维 (2)

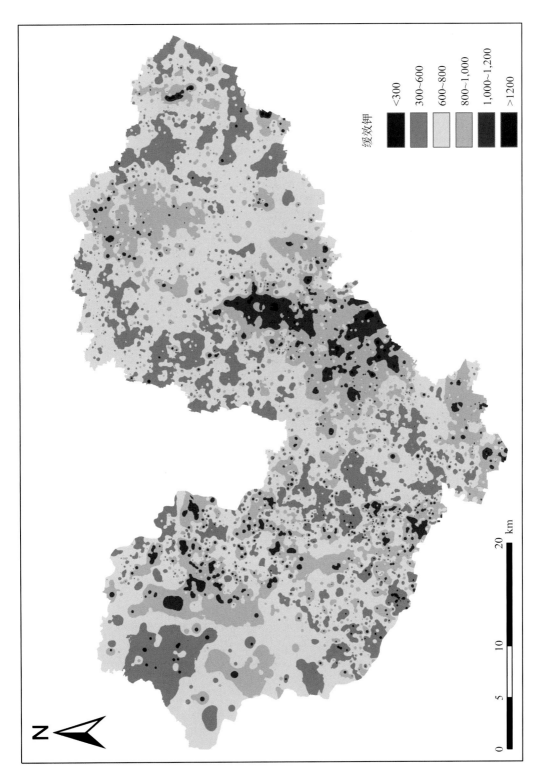

缓效钾

<300   300~600   600~800   800~1,000   1,000~1,200   >1200

附图 7 鹤壁市土壤缓效钾含量分布图

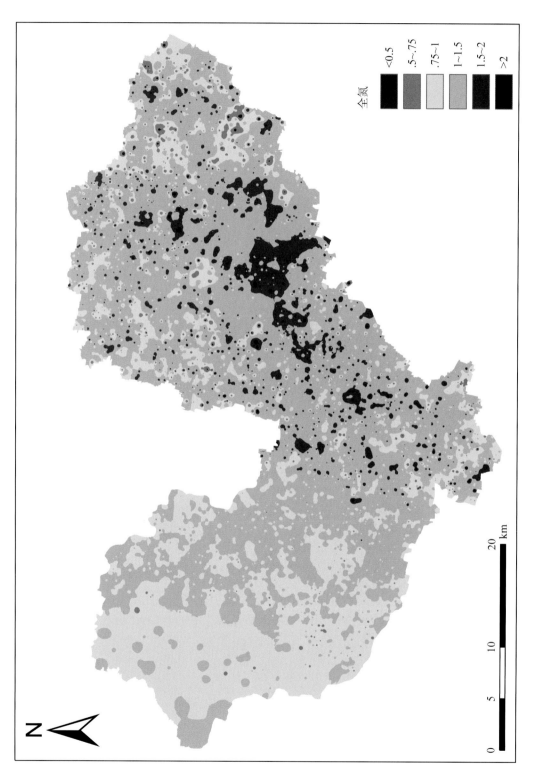

全氮

	<0.5
	.5~.75
	.75~1
	1~1.5
	1.5~2
	>2

附图 8 鹤壁市土壤全氮含量分布图

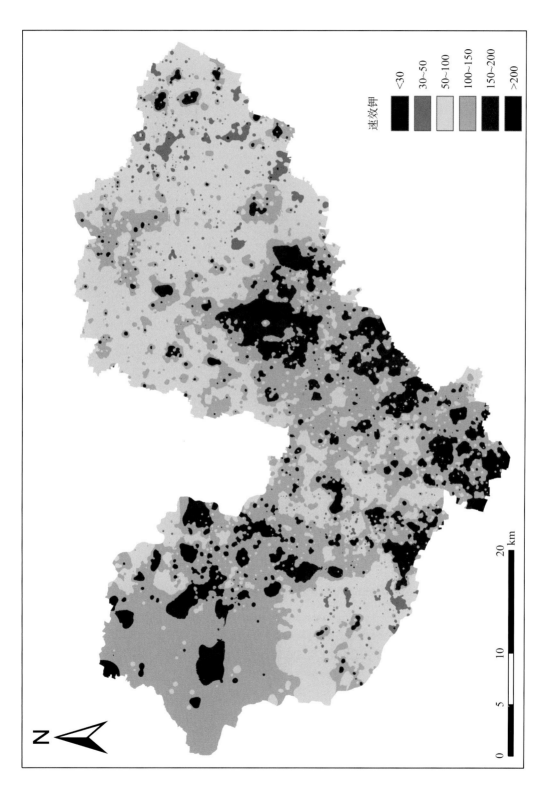

附图 9　鹤壁市土壤速效钾含量分布图

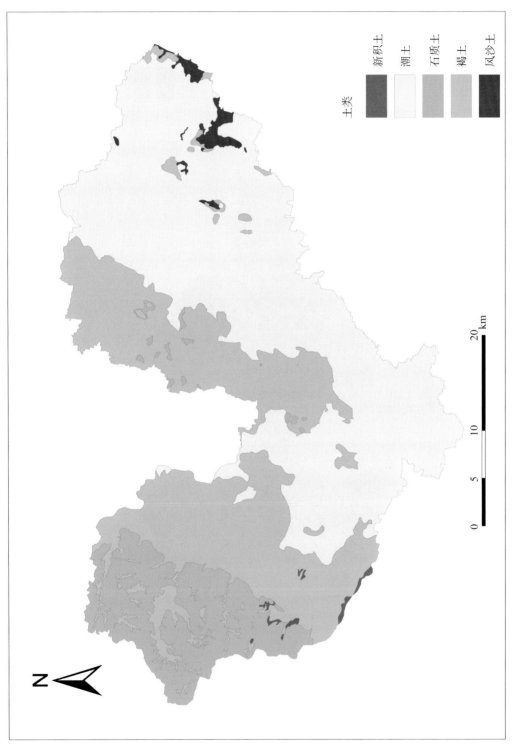

附图 10　鹤壁市土壤图

土类

新积土　潮土　石质土　褐土　风沙土

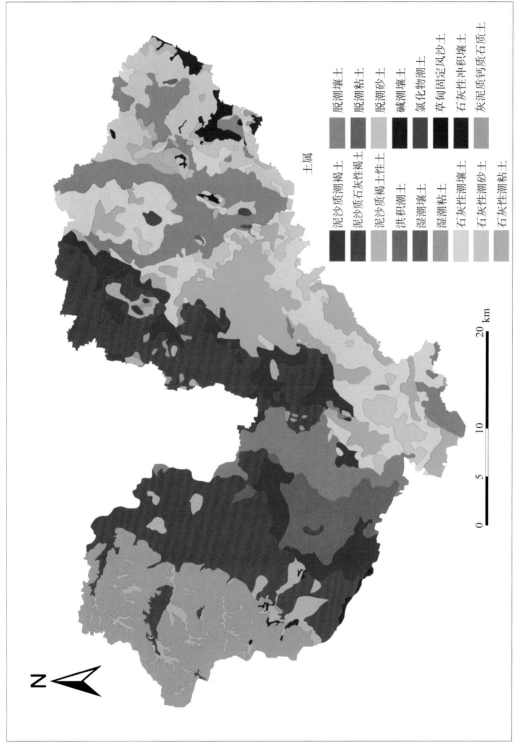

土属

泥沙质潮褐土　脱潮壤土
泥沙质石灰性褐土　脱潮潮粘土
泥沙质褐土性土　脱潮砂土
洪积潮土　碱化物潮土
湿潮壤土　氯化物潮土
湿潮粘土　草甸固定风沙土
石灰性潮壤土　石灰性冲积壤土
石灰性潮砂土　灰泥质钙质石质土
石灰性潮粘土

0　5　10　20 km

附图 11　鹤壁市土壤图

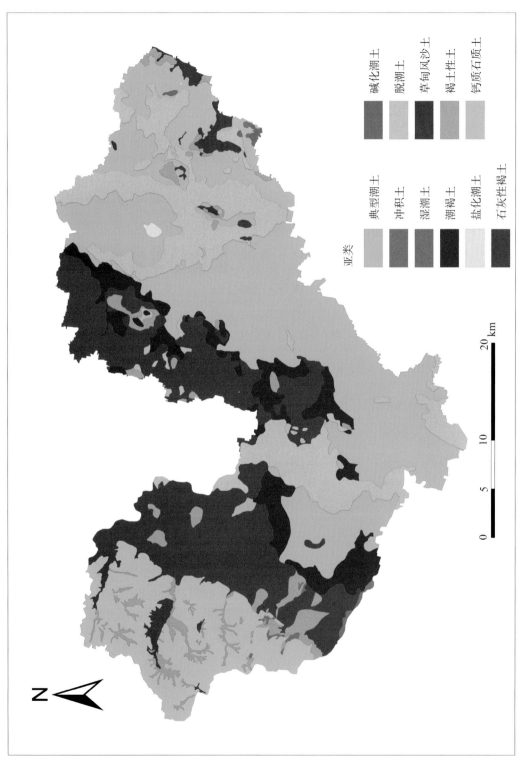

亚类

碱化潮土　脱潮土　草甸风沙土　褐土性土　钙质石质土

典型潮土　冲积土　湿潮土　潮褐土　盐化潮土　石灰性褐土

0　5　10　20 km

附图 12　鹤壁市土壤图

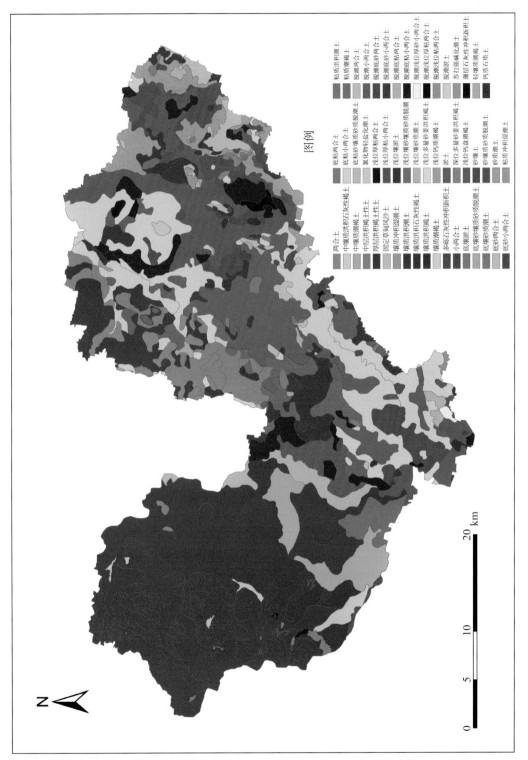

图例

两合土
中壤质洪积石灰性褐土
中层洪积褐土性土
厚层洪积褐土性土
固定草甸风沙土
堆质冲积湿潮土
堆质洪积褐土
块质洪积褐土
多砾石灰性冲积新积土
小两合土
底壤淤土
底砂壤砂壤质砂质脱潮土
底砂质脱潮土
底砂小两合土

底粘质洪积潮土
底粘质脱潮土
脱潮两合土
脱潮小两合土
氯化物轻盐化潮土
浅位厚粘两合土
浅位厚粘小两合土
浅位壤砂淤土
浅位壤淤壤砂质脱潮
浅位纯质砂质脱潮土
浅位多量砂麦洪积褐土
深位砂盘潮褐土
薄层石灰性冲积新积土
轻壤质砂质脱潮土
砂壤质冲积湿潮土
砂质冲积潮土
粘质冲积湿潮土

粘质洪积潮土
粘质脱潮土
脱潮两合土
脱潮底砂小两合土
脱潮底粘两合土
脱潮底粘小两合土
脱潮底粘小厚砂小两合土
脱潮浅位厚粘两合土
脱潮浅位粘两合土
脱潮淤土
东打强碱化潮土
薄层石灰性冲积新积土
轻壤质砂质脱潮土
钙质石质土

附图 13　鹤壁市土壤图

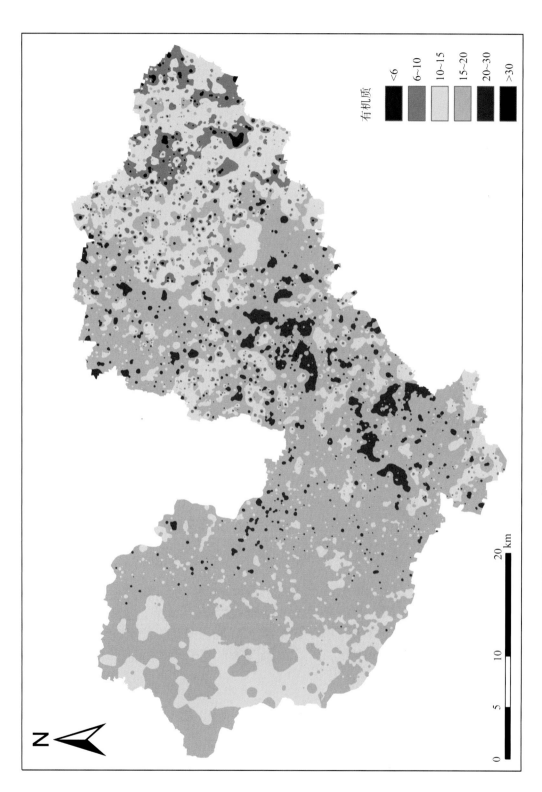

有机质

<6
6~10
10~15
15~20
20~30
>30

N

0   5   10   20
km

附图 14 鹤壁市土壤有机质含量分布图

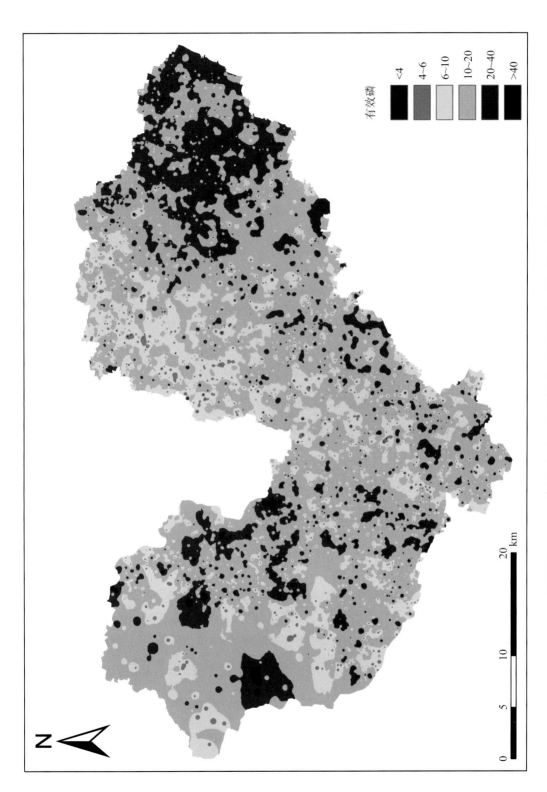

有效磷

<4
4~6
6~10
10~20
20~40
>40

0   5   10   20 km

N

附图 15　鹤壁市土壤有效磷含量分布图